"科学好简单"丛书

拜托了，看看天空吧

［阿根廷］迭戈·戈隆贝尔　主编

［阿根廷］艾尔莎·诺森瓦赛尔·费赫尔　著

李文雯　译

U0213922

南海出版公司

2023·海口

图书在版编目（CIP）数据

拜托了，看看天空吧 /（阿根廷）艾尔莎·诺森瓦赛尔·费赫尔著；李文雯译 . -- 海口：南海出版公司，2023.7

（科学好简单）

ISBN 978-7-5735-0451-7

Ⅰ . ①拜… Ⅱ . ①艾… ②李… Ⅲ . ①天文学－青少年读物 Ⅳ . ① P1-49

中国国家版本馆 CIP 数据核字 (2023) 第 108579 号

著作权合同登记号　图字：30-2023-046

Cielito lindo：Astronomía a simple vista
© 2004, Siglo XXI Editores Argentina S.A.
© of cover illustration, Mariana Nemitz & Claudio Puglia

（本书中文简体版权经由锐拓传媒旗下小锐取得 Email:copyright@rightol.com）

BAITUO LE, KANKAN TIANKONG BA
拜托了，看看天空吧

作　者	［阿根廷］艾尔沙·诺森瓦赛尔·费赫尔
译　者	李文雯
责任编辑	吴　雪
策划编辑	张　媛　雷珊珊
封面设计	柏拉图
出版发行	南海出版公司　电话：（0898）66568511（出版）（0898）65350227（发行）
社　址	海南省海口市海秀中路 51 号星华大厦五楼　邮编：570206
电子信箱	nhpublishing@163.com
印　刷	北京建宏印刷有限公司
开　本	787 毫米 ×1092 毫米　1/32
印　张	4
字　数	64 千
版　次	2023 年 7 月第 1 版 2023 年 7 月第 1 次印刷
书　号	ISBN 978-7-5735-0451-7
定　价	35.80 元

关于本书

（及本丛书）

几乎在天外，停泊两山间。

是那月亮的一半。

转动着，流浪的夜，挖掘着双眼。

看看有多少星星被打碎在水面。

——［智利］巴勃罗·聂鲁达

神秘的天空，五彩的天空，遥远的天空，空洞的天空，巧克力色的天空，光明的天空……一切形态的天空。对！一切，都是这趟旅程的景点。这趟旅程只需你迈出家门去仰望，用你的双眼、双手，以及渴望拥抱所有的热情来点亮黑暗的夜空。对！拥抱所有，绝对的所有。这是一趟光明与流浪的旅程，我们将会一一认识旅程中那些陪伴我们的明星，在明亮的夜空下叫出它们的名字。其实，想要了解这片美丽的天空并不需要什么超级望远镜，也用不着电脑，甚至连眼镜都不是必需的。在这本书中，艾尔莎·诺森瓦塞尔·费赫尔会教我们仰望天空，在每一个夜晚追随星星的轨迹，又或是在白天乘坐太阳之车游览天际。一路上，毕达哥拉斯、托勒密、哥白尼、伽利略会与我们同行。谁会不想与他们这样的伟人结伴旅行呢？又有谁没有过，在抬头仰望天空的瞬间感觉自己就是这茫茫苍穹中的一部分呢？

　　因为天空依然在转动，让人难以琢磨，但它也是我们前进之路的一部分，唯有以科学的眼光才能解读这片天空，仰望这片天空。

　　这部科普丛书是由科学家（和一小部分新闻记者）编写而成的。他们认为，是时候走出实验室，向你们讲述一些专业科学领域奇妙的历程、伟大的发现，抑或是不幸的事实。因此，他们会与你们分享知识，这些知识如若继续被隐藏着，就变得毫无用处。

　　　　　　　　　　　　　　　　　　迭戈·戈隆贝尔

致谢辞

感谢圣迭戈的阿根廷同事加布里埃尔·海隆，在他的鼓励下，我才写了这本书。感谢迭戈·戈隆贝尔，他用热情鼓励了我。感谢费德里戈·赫耶尔，让我认识了一群渴望做事情的新一代（对我来说很新）大学生。

艾尔莎·诺森瓦赛尔·费赫尔

　　作者从阿根廷国立布宜诺斯艾利斯大学的物理数学专业毕业，后于美国哥伦比亚大学取得了博士学位，并多年在美国加利福尼亚大学圣迭戈分校从事于固体物理学（现在叫作"凝聚态物理学"）领域的实验研究。在女儿出生以后，作者的兴趣发生了一些改变，开始参与各种面向教育工作者和非专业公众人士的科学教育项目。在担任美国圣迭戈州立大学教授时，作者向未来的老师们教授了一系列课程，并启动了一项针对学生在物理学中概念性障碍的研究项目，在 20 世纪 70 年代末期，这一项目还属于一个新领域。

　　从 1983 年起的 13 年间，作者领导美国圣迭戈鲁本舰队科学中心的互动展览创建发展小组。后来与阿根廷青年科学家一起参与各种教育工程（在博物馆展厅、科学夏令营，以及教育推广丛书相关工作）。能够回到祖国工作让她感到十分满足。

目　录

第一章

永无止境的天体运动

啊，啊，啊，啊

尽情歌唱不要哭泣

我会告诉你们一个秘密

美丽的天空

为何探寻你的奥秘……

黑洞、遥远的星系、太空望远镜、红外接收器、宇宙学原理、宇宙学，虽然这些话题听起来很有趣，但都不在本书所涉及的范围。为什么呢？一方面是因为这些都是最新的现代天文学理论和发明，已经有大量的天文学家、媒体和书籍致力于这些知识的推广。另一方面，人们对同样引人入胜的古典天文学却知之甚少。古典天文学只需要双眼就能学习探索，但很少有人系统、全面地介绍过这一学科。这就是本书将要涉及的内容。

在我多年的教育经验中，每当我问起我的学生最喜欢课堂中的哪一部分时，大多数人的回答都是天文学。当然，我的课堂中还会讲授物质特性，波、光的自然特性以及其他一些在我看来同样很有趣的话题。我想知道，"为什么是天文学呢？"大家的回答大同小异："因为每日每夜天空中发生的变化太令人难以置信了。它们就在那里，随时随地都可以轻易地观察到。作为一个成年人，这么多年以来我竟从来没有注意到过这些变化。原来只需要稍微加以观察，就能预测未来一周或一个月内天空中将要发生的变化，甚至能推测出一周前或一个月前的天空是怎么样的。"

这就是我想要通过本书传达给大家的美妙与神奇。而我们也是这个永恒、规律又可预见的茫茫宇宙中的一部分，因为不管我们走到哪里，宇宙都跟我们在一起。如果我们在家乡能够认识这片天空，那不管我们去到哪个陌生的地方，都能认出熟悉的它来，就像一个老朋友一样。本书的美妙之处还在于，我们将要像埃及人和巴比伦人那样去认识天空，用希腊人的方法去理解天空。并以我们的方式，从牛顿发现定律出发，解读天空、大地以及万物的运动。

我们的探索路线会从月亮开始，再向太阳迈进，接着"观测"恒星，最后以行星结束。当然，这并不是古埃及人和古巴比伦人的观测顺序。历史记载表明，古时候的天文学家起初将注意力主要放在地平线的变化上，特别注重对恒星的观察，因为这是在当时唯一可持续观测到的星体，例如，在地平线的某处出现或消失了的某一星体。随着时间的推移，科学家们开始观察每颗星辰从地平线的何处升起，又在何处沉落。

在没有人造灯光的夜晚，天空明净，星光闪烁，没有光污染，也没有高楼隔绝对地平线的观望，我们的祖先可以一整夜地聆听夜空的星辰讲课。对生活在大都市的我们来说，比起其他星辰在地平面附近的位置变化，高空中的月亮和太阳的轨迹就要容易识别多了。

一些简史

人类历史上最初的古代天文学记载要追溯到大约 5000 年前古巴比伦和古埃及时期。巴比伦人还没有纸和笔，但这也没能阻碍他们将文献用木棍记载在陶土板上。埃及人在发明纸莎草纸之前，他们用的是古庙和金字塔作为参考点。例如，当天狼星从东边升起，并且第一缕阳光渗入金字塔的缝隙照亮法老像的脸庞时，尼罗河的汛期就开始了，也就是我们现在所说的夏天的开始。

这种使用建筑标识并仅依靠肉眼来观测、记录星体重复运动轨迹的方法并不受时代和人群的限制。例如，在英国，2000 年前的居民就用巨石堆砌出了一个大型建筑，后人认为它是当时的日历。还有证据表明，在中美洲特奥蒂瓦坎[①]和特诺奇蒂特兰[②]发现的前哥伦布时期的古庙也有天文观测的作用。

被保存下来的[③]玛雅和阿兹特克文献（手抄古籍）中都有关于阳历和阴历的记载，甚至有一套详细记载了100年以来金星运动轨迹的日历。

我们都知道腓尼基人是伟大的航海者，他们在地中海中航行时就是依靠星星指引方向的。波利尼西亚人也是这样做的，发现夏威夷岛就是一次在太平洋中依靠星星指引的漫长旅程中完成的。

我们可以说古代的天文观测主要有三种目的：第一种是宗教目的，源自人们对天体的崇拜，认为太阳、月亮、以及各种行星都是神圣的存在；第二种是实用目的，如通过天文观测绘制地图以指引航向，又如编写日历以确立农耕活动中耕地、播种以及收获的季节或日期；介于这两种之间的是占星术等占卜目的，占星术认为天体的运动会影

---

① 位于今墨西哥西北部，由玛雅人建成——编辑注。
② 阿兹特克王国的都城，今墨西哥城——编辑注。
③ 西班牙人侵者焚烧了大部分玛雅语书籍。据第一任尤卡坦大主教称，"书中尽是迷信和魔鬼的谎言。"[④]
④ 若无特别说明，页下注均为作者原注。——编辑注

响人类的命运，并且可以凭天体的运动轨迹预测地球上将要发生的事情。

我们的起点

将天文观测作为爱好，并以期以此增长知识，是后来才有的事情。我们从古希腊人那里继承了对知识的渴望，对理论与解释的追求。我们会说，现在所认识的西方科学源于公元前 300 年的古希腊人对真理的探究方式，因为科学的概念是在古希腊文明中诞生的，古希腊人将科学定义为人类对周围世界的理性解释的探索。

这种探究现在仍然在继续。我们已经不再崇拜太阳神，不再相信占星术（我们希望是这样！），我们已经拥有了日历和卫星定位仪，但我们仍然希望更深入地了解我们的世界。我想也是正因为如此，读者们才耐心阅读至此处。

我们这次探索之旅的起点就是观察，我们所观察的对象可能是古希腊人早已熟知的东西。一旦收集到观测数据，我们就会提出合理的模型来分析解释。这样做的目的在于建立一个能够阐释天体运动细节的理论。除了观察，还有各种天文模型的历史，一种天文模型是如何取代另一种天文模型的，还有科学辩论的性质，以及一种模型被证明优于其他模型所历经的时间，等等，我们都会在这堂生动的天文课中谈论到，从而学习到一套公认的科学理论。

准备好了吗？那么现在就出发，到户外去吧，去观察天空中永无止境的天体运动并做好笔记。在这个天体运动永无止境的剧场里，最好的"座位"（并不是非得要坐着，站着同样也可以看到完美的表演）是：对住在南半球的人来说，是望向北方的位置；对住在北半球的人来说，是望向南方的位置；而对住在赤道的人来说，则是直直地望向天空。如果你不愿意出门的话，也可坐在家里的沙发上阅读本书，只需要跳过正文中的仿宋体①文字部分即可。不管怎么样，希望大家享受这趟旅程。

---

① 正文中出现的仿宋体文字都是指导读者如何开展观测活动的。

第二章

喜怒无常的月亮

"太阳和月亮，哪一个更重要呢？"

"月亮！"孩子们答道，"因为月亮在黑暗的夜晚为我们照明，但白天的时候无论如何都有光。"

淘气的月亮，无常的月亮，你在哪儿，你又要去哪儿？

值得庆幸的是，无常的月亮会告诉我们现在是什么时间，通过观察它的"脸庞"、所处的位置，都为我们判断它的运动轨迹提供帮助。

研究月亮的运动轨迹最有趣的方法就是在一个月内持续观察。如果你有每天持续观察的耐心，我们就可以一起做一项研究。如果没有的话也没关系，可以跳过正文中仿宋体的部分，直接阅读我们的研究结果（但这样会错过有趣的经历）。

　　我们都知道月亮在天空中位置是会变化的，这时候在这个地方，那时候又在别的地方。为了系统地确定它的变化程度，我们需要一个可以测量角度的工具。我们将要用的，是一个我们都会随身"携带"的工具——拳头。

如何用拳头测量角度呢？请先坐在一张桌子前，将手臂伸展向桌面，注意桌面要与地面平行（如果不平行的话，请调整桌椅的角度）。手握成拳头，将一个拳头放在另一个拳头上，一个拳头的小指对接另一个拳头的拇指。做这个动作时最好有人帮助，以维持手臂的姿势。然后，将两条手臂分开，一条手臂维持不动，另一条手臂抬起，以拳头相叠的方式依次抬起手臂，直至完全垂直，也就是说与墙壁平行。

现在要做的，就是数一数平行手臂和垂直手臂之间的 90° 角中有多少个拳头。用 90° 除以拳头的数量，

图 1　校准拳头以测量角度

就能得出每一个拳头所测得的度数。例如，我需要叠加 12 个拳头才能使两条手臂打开成直角，所以我的每个拳头所测得的度数是 7.5°。

观测 1

除了拳头以外，我们还需要一个小本子来记录我们的观测情况。要观测月亮，我们首先要在天空中找到它（不仅是在夜晚，白天常常也能看到月亮）。我们找到月亮后，记下自己所在的位置，然后将月亮和视线内某个物体以直线连起来（比如一根电线杆、一个烟囱、一棵树），让这个物体起到参照物①的作用。然后我们画一张草图，记录下我们每天观测的情况：

图 2　月亮的定位

---

① 顺便说一句，我们所使用的这种寻找两个点（我们所在的点和参照物所在的点）与一条线来确定月亮位置的方法，与巨石阵（英国的史前巨石遗址，有人认为是当时的日历）的原理完全相同。

　　一个小时后，我们回到同样的地方，草图就会变成这样：

图3　月亮的位移

　　现在我们来测算一下月亮位移了多少个拳头，多少度角。拳头的数量可能会因人而异，但角度是一个国际单位，这样的结果就可以用来和别的数据做比较。

　　在南半球（例如阿根廷），月亮从右向左移动。在北半球（例如西班牙），月亮则从左向右移动。但对两个半球来说，月亮都是从东向西移动的。如果在南半球的话，我们要追随月亮的轨迹需要看的是北面，而在北半球我们需要看的是南面。简而言之，想要观测黄道带①中太阳、月亮、星星运行的"天路"，我们必须朝着与自己所在的半球相反的方向观测。

_____

① 黄道带是指夜晚月亮和行星运行、白天太阳运行的带状区域。

观测 2

现在我们来做另一项观测：一天以后，在相同的时间回到我们画第一张草图的地点，根据我们所选的参照物再画一张新的月亮定位草图，这样我们就能计算出月亮一天的移动范围了。

接下来，坚持每天都在同一时间追踪月亮的轨迹，直到我们看不见它为止。这样我们就能清楚地看出月亮的变化方式，甚至能画出它的移动轨迹。为什么我们会看不见它了？是因为它消失在房屋、树木和高山身后了吗？还是变得太小，小到我们看不见了？又或者它太靠近太阳，再继续肉眼观测会伤害眼睛？还是阴天持续了好些天，我们的视线寻不到月亮？要找到答案就需要我们在其他时段继续观测天空，并记录它的变化方式。

移动了多少？怎么移动的？

每一小时，我们看见月亮在自东向西（在阿根廷是从海平面向山脉）移动，太阳和星星也是如此。整个天空似乎都是一起运动的，每小时 15°，就像一个转动的大球。

"**观测 1**"得到的是这一结论吗？（每小时转动 15°，转动一整圈 360°就是 24 个小时）

每一天，月亮绕着地球自西向东转动 12.5°（你们的测量结果是这样的吗？），所以每天初次观测的一小时后，我们总能在与前一天相同的地方看见月亮。（由于海洋的潮汐是月亮引发的，所以潮汐的时间也几乎每天推迟一个小时）

月亮的脸庞

随着日子一天一天过去，月亮的脸庞，也就是它的形状也在改变，我们把这个称之为月相。月相的顺序是永恒不变的：如果我们看见月亮的形状和我们平时配着咖啡、牛奶吃的羊角面包的形状一样（既不是半圆也不是四分之一圆），那么它就会开始渐渐变得丰盈起来，我们把这样的月亮叫作新月；它会渐渐地长成一轮满圆的明月，然后又开始变"瘦"，这时候的月亮叫作残月；残月继续变"消瘦"，又回到像我们吃的羊角面包的形状，但这个时候，两个羊角所指的方向与新月相反。如果是新月，月亮两角所指向东方，而残月之后的月亮两角指向西方。新月发生在月渐盈和月渐亏之间，这个时候我们是看不见它的。

月亮绕地球转一圈需要四周的时间，几乎等于我们平时所使用的公历一个月的时间。如果我们像犹太人和穆斯林一样使用阴历的话，月相就能准确地告诉我们今天是几日。在阴历中，一个月通常是从新月开始，一个月中的第十五天通常是满月。例如，犹太人的逾越节就在尼散月[①]15日，或者说，北半球的春天（3月21日）开始后的第一个满月，所以逾越节可能在3月也可能在4月。

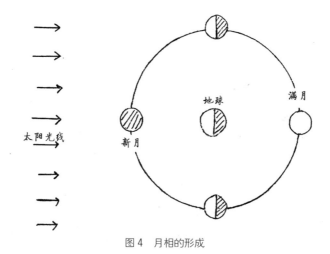

图4 月相的形成

月亮本身是不发光的，我们之所以能看到它是因为太

---

① 尼散月为犹太教历的一个月份，犹太教历1月。——译者注

阳的照射。太阳—月亮—地球三者之间的位置关系会以一个月为周期不断变化，这就是我们能看见月相变化的原因：太阳光线会直射到月亮与太阳正对的一面，如果这些光线恰好反射到我们的眼中，我们就能看见月亮。（我们能看见某物体都是因为从这一物体上有光线进入我们的眼中）

　　当月亮处在太阳与地球之间时，我们是看不见它的，因为这时候照射月亮的太阳光线无法反射到我们的眼睛里，这就是新月。当月亮位于太阳的相反一侧时，我们能看见月亮的整张脸了，也就是说，整个月球的一半，这就是满月。当太阳、月亮与我们的眼睛组成一个直角时，我们看到的就是四分之一新月或四分之一残月[①]——把月亮想象成一个圆球，我们只能看到这个球体的四分之一，即太阳所照射的半球的一半。

　　如果这两种月相的叫法有"四分之一"是因为我们只能看见月球的四分之一的话，那么满月就应该叫作半月。但事实并不是这样，我们之所以叫它们四分之一新月或四分之一残月，是因为这时候月亮完成了从新月到满月之间四分之一的旅程。

---

① 　四分之一新月与四分之一残月也就是汉语中的蛾眉月与凸月。——译者注

月食

当地球位于月亮与太阳之间时，地球阻挡了照射月亮的太阳光线，这个时候就会发生月食现象。也就是说，月亮被挡在地球的阴影之下，导致我们不能看到满月。

还有一种情况——月亮位于太阳与地球之间时，月亮就会阻挡照射地球的太阳光线，这时候就会出现日食。

如果是这样，那为什么我们不能在每个月的新月与满月之时看到日食和月食呢？因为日食和月食出现的前提条件是：太阳、地球与月亮必须完美地处在同一直线上。但是月亮绕地球旋转的平面与地球绕太阳旋转的平面并不相同，除此之外，别的一些因素（地球和太阳的引力影响，地球轨道的椭圆形）也会影响月亮绕地球旋转的轨迹。

那日食和月食出现的规律是什么呢？这个就很难说清楚了。最多的时候，一年可以出现三次月食，少则一次都不会出现。而日食可能出现两到五次。但是巴比伦人在经过累积观察后发现：日食与月食的出现有一个十八年多一点的周期，会随周期按顺序出现。

英国巨石阵的构造就颇具月亮观测站的特点。有证据表明，巨石阵中的一圈石头刚好与日食、月食的周期相符。

并且，有的石头路线指出了月亮在不同时节升起时所处的位置。这些数据似乎被建筑者们用来预测日食与月食出现的时间，虽然他们可能并不知道这些每十八年出现一次的大事件的原因是什么。

太阳与月亮的表观大小

现在我们要来量一量太阳和月亮的大小，就像之前一样，我们要用的是我们特有的测量方式：拳头测量法。但在测量之前，我们先来猜一猜它们的大小分别是多少：一个拳头？两个拳头？半个拳头？还是两根手指头？一根手指头？测量太阳时，千万不要用肉眼直视太阳，而是用一种"目不直视"的测量方式：在早上太阳升起或傍晚太阳落下时测量。

太阳和月亮都占半度（张开双臂后刚好能够覆盖它们的角度，一根小指头的宽度）。体积小得让人吃惊，特别是太阳和月亮竟然拥有相同的角度大小。这完全是巧合，距离使得大小相同：太阳是月亮的四百倍大（直径），但它离地球的距离正好有月亮离地球的四百倍远。当日全食出现的时候，我们就能欣赏到这一巧合带来的奇妙结果——
太阳被月亮完全遮挡，但我们能看到日冕。

第三章

太阳神出现了

基本方位，春分、秋分与冬至、夏至

太阳神出现了，在哪？东方吗？当我还小的时候，我们学校教室的门上贴着一张纸片，上面写着"东"，而教室的窗户上则贴着一个"西"。所以每当我走进一间有两扇门或是没有窗户的房间时，我就会犯迷糊：哪一边是"东"呢？这里没有"西"吗？

很显然，我把事情弄反了：并不是说太阳会从东边出现，而是我们把太阳出来的地方叫作"东方"……但其实这仅限于 3 月 21 日和 9 月 23 日。我们把这两天叫作昼夜平分日，因为在这两天，白昼和黑夜的时长是相同的。那一年中的其他日子呢？太阳都是从同样的地方升起、落下吗？

　　为了回答前面的问题，我们需要选择一个观测点和一个参照物，来确定太阳每天升起（或落下）时在地平线上所处的位置。然后我们画一幅草图，根据我们所选的参照物标示出太阳升起（或落下）的位置。我们需要在一整年间重复这样的观测，大概每个月一次吧，每次都要回到相同的观测点来观测。我们每次观测都需要记下时间，并画一幅草图，根据我们从观测点所看到的，标示出太阳在地平线上所处的位置以及我们参照物。

　　以望向东方地平线为例，草图大概如下：

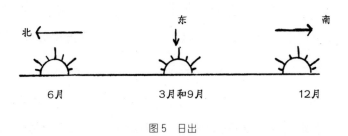

图5　日出

　　在一年之中，太阳在地平线上升起（或落下）的位置是变化的：12月的时候偏南，6月的时候偏北。

　　太阳的位置处于地球南北两个极端位置的日子分别是12月21日和6月21日。我们把这两个日子叫作至日，因为这个时候太阳的位置较为稳定，几天之内都不会有什么变化，不像在昼夜平分日时，太阳的位置每天都会发生变化。我们拿太阳的这种运动和钟摆做比较——当接近昼夜平分日时，太阳运动得更快，好比钟摆在中间段的运动；而当至日来临时，太阳的运动则会减速并停下来返回，就像钟摆运动到末端时一样。

四季

6月的至日这一天，当太阳从最北面的天空升起与落下的时候，标志着北半球的夏天开始了，在南半球则是冬天的开始。反之，12月的至日标志着太阳从最南面的天空升起与落下，南半球的夏天和北半球的冬天开始了。

我们的经验告诉我们，冬天的白昼很短，黑夜很长，而夏天则相反。或者我们可以说，相比一年中的其他时候，我们在冬天看见太阳在天空中穿梭运行的时间更少。所以，太阳在每个季节的运动轨迹是不同的。

如果能够画出太阳在天空中的各条路线图自然是再好不过的。但要画出这样一幅草图，我们不仅要知道太阳在地平线上的位置，还要知道正午时它所处的位置。

太阳和它的阴影告诉我们的事

有时候我跟随着我的影子，

有时候它却在我的身后。

　　　　　　——来自阿根廷北部的维达拉舞曲

　　直接观察太阳会伤害视力，我们自然不能这样做，于是我们转而观察太阳的阴影，因为阴影能够间接为我们提供太阳位置的信息。

　　我们来整理一下我们已经知道的和我们想要知道的事情：从升起到落下，太阳在天空中画出的是一道弧线。太阳在画这道弧线时，会在某个时刻正好路过我们的头顶吗？

　　假设太阳位于我们头顶的正上方，我们则把天空上对应的这一个点叫作"天顶"。这个时候，不管是我们，还是一根垂直的木杆，都没有影子。

　　要证明这种情况是否会发生，只需要插一根木杆在地上就够了，但前提是木杆一定要和地面垂直（用一个正方形或铅锤就能够验证是否垂直）。现在，我们就可以绘制出木杆的影子并记录下它在一天中的变化情况。除此之外，我们还能找到木杆影子消失的时间点，或是一天中木杆影子长度最短的时间点（过了这个时间点后木杆影子会又开始拉长）：这就是太阳处于天空最高点时的时间点。

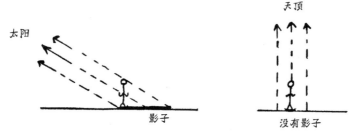

图6　影子变化情况草图

太阳在正午穿过经线时处于天空最高点。（经线是连接地球南北两极并会穿过天顶的一条假想线，经线的起点是人为规定的，其通过英国格林尼治天文台，人们惯用这条经线[①]来确定每条经线所在地的当地时间。）如果太阳在天空中的最高点正好是天顶，那么这时我们是没有影子的。反之，如果太阳在空中的最高点不是天顶，即便是正午我们也能看到自己的影子。

那么太阳运动的最高点是否是天顶，又是由什么决定

———————————

① 即本初子午线。——编辑注

的呢？那就要看我们在地球上的哪个位置，以及我们处在一年之中的哪个时节。在西班牙，人们永远都能看到自己影子；而在阿根廷，只有胡胡伊和萨尔塔的北部以及福莫萨的小部分地区会出现没有影子的情况；在玻利维亚和秘鲁，只在夏季会出现没有影子的情况。

12 月的至日时，太阳所处的位置决定了南回归线的纬度（南纬 23°27′），这一天的正午，太阳位于南回归线地区的天顶。同样的，6 月的至日时，太阳位于地球哪一片区域的天顶决定了北回归线的纬度（北纬 23°27′），这一天的正午，北回归线的居民是没有影子的。很显然，如果太阳的直射光线不在地球上这样南北来回移动的话，地球上就不会有四季。太阳永远从东边同一个地方升起，又从西边同一个地方落下，南北回归线也不会有任何特别之处。

　　假设一个住在布宜诺斯艾利斯的人刚好有四个朋友巧妙地分布在这四个地方：一个在南回归线上（例如巴西）；一个在赤道上（例如肯尼亚）；一个在北回归线上（例如墨西哥）；还有一个人是我，在美国加利福尼亚州的圣迭戈（所处的北纬度数几乎与布宜

诺斯艾利斯的南纬度数相当）。我们四个人都在地面
上插一根垂直的木杆（木杆的长度相同），并在每天
的日出、日落和太阳位于天空最高点时即正午在地面
上描绘出木杆的影子。让我们来看看在这四个特殊的
日子里①四个地方的木杆影子图能告诉我们些什么吧。
图中的圆圈代表插在地面上的木杆，图中的基本方位
是左北右南、上东下西。

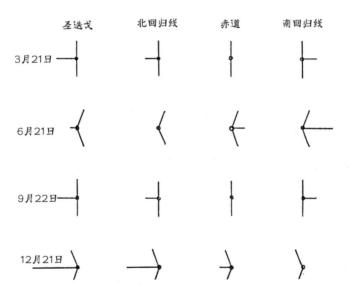

图 7　在地面上描绘出的一天中三个时间点（日出、正午和日落）时
木杆的影子，草图的左侧为北方

---

① 此处四个日子指的是两个昼夜平分日和两个至日。——编辑注

　　由以上论述可以得出，垂直的木杆的影子可以用来测算当地时间。但这种"太阳影子钟"的使用很受限制，只能用来测算和校对当地时间。所以人们发明了一种更有用、更容易构建和看时间的时钟：人们弃用了垂直的木杆，而是使用倾斜木棍作为信号指示器（我们把它叫作"晷针"），它倾斜的角度与所处地方的纬度形成垂直关系。晷针以这样的方式装置后，时间被标注为一段段等距离的直线，它的长度和方向就能表示一天之中的当地时间了。在全世界的花园里有着各式各样的日晷（太阳钟），有的表盘上的时间刻度是平行的，有的是放射状的。晷针的影子投射到这些表盘上后，便能指出时间。虽然表盘不同，但其基本原理都是一样的。

　　埃及人就是使用垂直木杆的阴影来测算时间的，而利用倾斜角度垂直于纬度的晷针来计算时间的方法直至1000~1200 年时才在小亚细亚出现。当日晷在欧洲风行时，第一批机械表也开始产生了。

太阳在天空中的运动轨迹

　　如果我们把到目前为止在布宜诺斯艾利斯观测到的太

阳运动总结一下，能够得出下面这样一幅图：

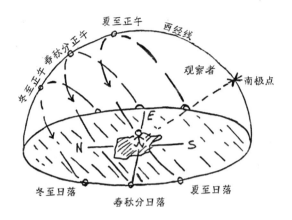

图8 在布宜诺斯艾利斯观测到的太阳运动轨迹

这幅图中综合了图 5 和图 7 的观测结果，让我们能够清楚地看到一年之中太阳在天空中运动轨迹的变化。

日历和古迹

正如我们之前所说的，太阳可以用来测算时间。古时候不像现在，人们既没有日历也没有时钟，所以那时候的一天就是太阳连续两次穿过同一条经线所历经的时间，或者说，从一个正午到下一个正午的时间，或从一个日出（日落）到下一个日出（日落）的时间。人们将这段时间又平均分成 24 段 ①，每段就是一个小时。一个月就是一次新月到下一次新月出现所经历的时间。而一年则是指太阳两次从地平线末端升起（或落下）所历经的时间，一次从地平线南端，一次从地平线北端，这也等同于正午的太阳经历两个极端高度（最低点和最高点）所需要的时间。

　　如果要根据天体的移动来计算时间的流逝，天文观测与记录就变得尤为重要。这样一来，考古学家对一些古代遗迹的研究也就变得十分有趣。尽管有的史学家对这些研究结果嗤之以鼻，但我们不得不说这些考古学家收集到的一些证据还是十分有吸引力的。我们来看看一些例子。

　　埃及的许多神庙都朝向至点 ②。例如，古埃及都城底比斯的卡纳克神庙中的阿蒙神殿就朝向日出时的夏至点，也

---

① 将一天平均分成 24 个小时是很后来才有的事，从中世纪才开始。24 这个数字的选择也是比较随意的，这可能和巴比伦文化中对六十进制的使用有关。这种系统的使用还得到了更广泛的推动，因为 60 有许多约数，12、24 和 30（简化了乘法和除法），一年约 360 天，巴比伦人将一年分为 12 个月，每个月 30 天。基于这一想法，又将太阳在天空中画的弧度平均分成了几份——并将所有的圆都划分成 360°。又将一个小时平均分成 60 小段（分钟），每一分钟又被平均分成 60 小段（秒钟）。为什么对角度和时间要使用相同的命名法则呢？在下一章我们会详细介绍。

② 我们把太阳位于天空中特定位置时的几个特殊日子命名为至日和昼夜平分日，而至点和昼夜平分点是指在这些特殊日子里太阳升起和落下时所处天空或地平线上的位置。

有一些神庙朝向日落时的夏至点，或是朝向日出和日落时的冬至点。夏至点在埃及非常重要，因为它代表着尼罗河汛期的开始，而尼罗河的汛期是播种和收获的重要时节。因此，这些朝向至点的神庙也有天文观测站的作用，用来预测一年之中重要日子的来临。但萨卡拉墓地的金字塔和吉萨的金字塔却分别朝向日出和日落的昼夜平分点，它们（6000 年历史）都要比埃及神庙（3000 年历史）古老得多。但在位于埃及北部通往美索不达米亚的巴勒贝克、巴尔米拉和耶路撒冷的神庙也是朝向日出和日落时的昼夜平分点。科学家对朝向分点的神庙的解释是：这些神庙是在巴比伦文化的影响下建造的，因为在美索不达米亚，一年中最重要的时节是底格里斯河和幼发拉底河的汛期，与尼罗河不同，这两条河的汛期是从春分日开始的。

　　同样在英国，2000 年前的居民建造了庞大的石头建筑，有人认为是当时的日历，巨石阵中的石头圈则被认为是一座朝向至日点的神庙，因为其中一块叫作塔隆的石头就准确地指向 6 月至日时太阳升起的位置。还有更多更详尽的研究都认为巨石阵不仅是一座纪念性建筑，有人发现它还能预测月食。

　　对天文现象的重现在人类文化中有着特别的意义。例如，就在我圣迭戈的家不远的拐角处就坐落着著名的萨尔克生物研究所（路易斯·康设计），建筑中通向大海的排水管道都准确地指向昼夜平分日时的日落点。这是一场不容错过的盛会：每一年，（太阳的或是建筑的）仰慕者们会相聚在这里，只为了目睹这一场精彩表演准时地上演。

在不同的文化中，还有许多纪念性建筑朝向恒星或是重要的行星而建，例如天狼星对于埃及人、金星对于玛雅人，就有着特殊的意义。接下来我们会展开这个话题。

第四章

天空中的星辰

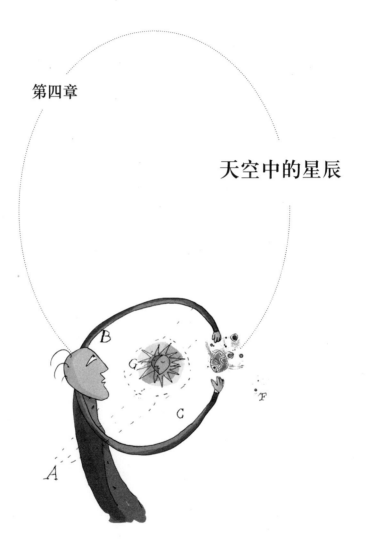

星座

　　古时候的人们总是能够熟练地辨认出天空中的星星。那时候的夜晚没有什么消遣活动，也没有林立的摩天大楼和人造的灯光阻挡人们对夜空的观望，人们就有更多的机会欣赏、观察和遐想。

　　为了给天空定位，又或许是为了给每一位天神划分星域，似乎每一个古老的民族都会给星星划分门类，我们把这些星星的划分叫作星座。每种文化中，人们都会根据自己的信仰和需要，将每个星群描绘成一个想象中的角色或形象。所以，我们既可以通过美洲原住民划分的星座来认识天空，也可以通过希腊人的神话来认识天空，还可以通过中国人的传说来认识天空。鉴于我们的文化与习俗，我要讲讲希腊人的星座（与罗马星座相同）[1]。

　　在黑暗无云的天空，用肉眼大概能看见 2000 颗星星。将这些星星分类（幸运的是，这些星星并不会随夜晚的改变而改变自己的位置，因此我们用想象来描绘的图画也可以持续不变）能够将辨认星星的工作简化很多，这样，我们便能开始在夜空的遨游了。我们在书中看到的星座图通常都有些问题。第一个问题，通过星座来辨认一个星群并不是一件简单的事情。在那些古老的象征中，通常使用一些寓言形象（鲸鱼、鹰、卡西奥帕亚王后），用这些形象来命名的星群就很难辨认，因为涉及的星星与这些人物形象并没有直接的联系。以至于有人（其中包括希腊人）提出古人的星座划分只是为了给天神和神话人物划分天空中的区域范围，并不是为了具体地辨认出这些星群。在靠近现代的书中，星座图都是用几何图形勾勒出来的，并且涵盖了星座中涉及的所有星星。但这种勾勒方式比较随意，很难通过它辨认出星座名称的人物形象。第二个问题，用来命名星座的人物形象都是几千年前的人根据当时的文明设定的，而且都是北半球的文明。所以当我们在南半球观

---

① 包括莫科维人在内的南美洲原住民也有丰富的天文学历史，他们也根据动物形象和对当地神灵的想象描绘了各个星座。

测天空时，这些人物形象都变得"四脚朝天"了！由于大部分的书籍都来自北半球，书中通常是以北半球的视角介绍星座。

我们来看看如何解决这些小问题吧。第一个问题被H.A. 雷伊[1]巧妙地解决了，记录在他的书《星星》中。雷伊所做的很简单，他找到了方法将星星用线条连接起来，组成星座名称的形象。在这种方法中，只将星座中部分特别的星星连接起来，就像周日的报纸上给小孩玩的连线游戏一样。至于第二个问题，本书中将以南半球的视角来呈现星座图，如果是北半球的读者，就请将书页倒过来看，就能看到脚朝下的人物形象啦。

我们用猎户座举个例子，因为猎户座中包含最多明亮的星星[2]。我们能很容易在天空中找到它的"腰带"——由三颗并列的明亮的星星组成，这三颗星星也被叫作三圣母星。猎户座的形象是一名猎人，一只手举着手杖，另一只手拿着盾牌，腰间别着一把佩剑。他的一只脚是一颗泛蓝光的星星，举着手杖的那一侧肩膀是一颗泛红光的星星。

---

[1] 天文学家，著有一系列美妙的少儿类天文科普书籍，其笔下的好奇的赫尔热深受读者喜爱。

[2] 在许多星座书籍中，亮度特别大的星星通常都会用带尖角的符号标注出来，其他的星星则用圆点表示，圆点的大小根据其闪亮程度而定。

　　夜空中最亮的星星是天狼星，它归属于大犬座。这只"大犬"紧随着猎户座的"猎人"，我们很容易就能找到它，因为天狼星和三圣母星在一条直线上。

　　如果从布宜诺斯艾利斯观测，我们看到的夜空大概是第 43 页图 9 中那样。

　　但是，我们怎么知道什么时候最适合观测猎户座呢？

黄道十二宫

　　从图 9 中我们可以看出，夜空中的猎户座的两翼侧就是双子座和金牛座。这两个星群处在与太阳和月亮的运行轨迹基本相当的一条星座带上（黄道带）。在这一条星座带上分布着十二个星座，我们把这个整体叫作黄道十二宫。"黄道十二宫"这一词的词根与"动物学"的词根相同 [1]，在希腊语中是动物的意思。的确，十二星座中的大部分星座都是动物。它们在夜空中出现的顺序如下：水瓶（宝瓶座）、鱼（双鱼座）、公羊（白羊座）、公牛（金牛座）、双胞胎（双

---

[1]　在拉丁语系中，黄道十二宫（zodíaco）与动物学（zoológico）的词根都是"zoo"。　——译者注

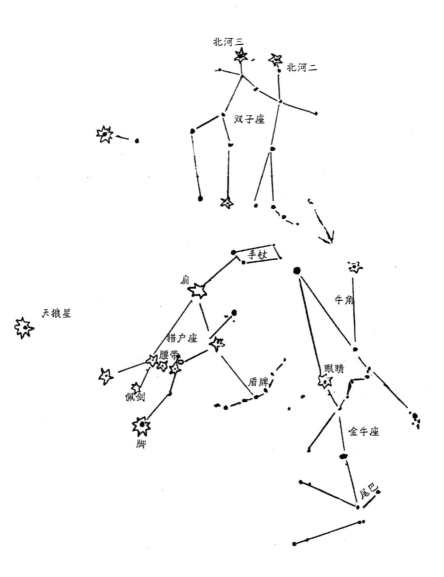

图9 从布宜诺斯艾利斯观测到的猎户座，将本页翻转180°就是从
加利福尼亚南部看到的景象

子座)、螃蟹(巨蟹座)、狮子(狮子座)、处女(室女座)、
天平(天秤座)、蝎子(天蝎座)、弓箭手(人马座)、
山羊(摩羯座)。

这十二宫中的某些星座，例如双子座和金牛座，就比
别的星座更容易识别。双子座和金牛座两相毗邻，在 2 月
和 3 月日落后的几个小时内(或是 10 月和 11 月日出前的
几个小时内)能被清晰地观测到。猎户座并不在黄道带之内，
但它都会跟双子座和金牛座一起出现，位于这两个星座的
偏上方(在北半球的话则是偏下方)。

辨认天蝎座和人马座也非常容易，这两个星座就紧挨
着，在 8 月和 9 月日落后的几个小时内出现(或是 4 月和
5 月日出前的几个小时)。这样，我们就在夜空中找到了
参照物，它能在不同的时节和不同的时段指引我们。

其实，只要我们有耐心从天黑一直守候观测到天明，
在任何一个夜晚都能看见黄道十二宫中的大部分星座。黄
道带中唯一确定看不见的星星只有太阳所在的区域，因为
太阳光阻碍了我们对其他星体的观测。(换一种说法，白
天的时候，太阳位于地平线之上，我们就看不见星星；从
太阳落下直至它再次升起的这段时间内，我们就能看到星
星。所以，黄道带中那些刚好在日出时出现在地平线之上

的星星我们就不能在日落之后看到。）

　　一年之中，黄道带中看不见的部分不是一成不变的，也就是说，太阳会在黄道带的星群之中穿梭运动。一个星座（黄道带星宫）对应一个月份，在这个月内受太阳光影响而无法被看见的星座即对应这个月份。例如，4月太阳在白羊座运行；5月，太阳则在金牛座运行，以此类推。天空中太阳在星辰之间的运行路径就像一条大道一样，太阳系还有许多十二宫以外的星星也在这条大道上（或大道的附近）运行。正如我们所说，这条大道还有它自己的名字："黄道带"。

　　有趣的是，千百年来，这一切都在发生着改变，接下来我们就要探讨这个话题。

繁星呀，你将何去何从？

　　为了更好地观测夜空，我们必须找一个能够看见地平线的地方，和一片布满星星的夜空。在充斥着楼房和灯光的城市里很难找到这样的地方，我们得到郊外的乡村、海滩或是山上。

　　到这里，我们已经知道了一年到头太阳都会在星星之间移动，或者说，星星会随着太阳运动①。要想知道它们是如何运动的，运动的范围有多大，我们就要选择黄道带中的一颗星星作为观测对象，用之前观测月亮的方法来观测它。

首先要做的是确定我们的观测点，在我们的周围寻找一个参照物（一根电线杆或一棵树），一个小时后我们又要回到同样的观测点，这样才能确定星星在天空中的位置。如果星星移动了，那它是怎么移动的？移动了多少？这些可以通过我们校准后的拳头来测量。

如果我们观测的不是严格意义上的恒星，而是"漂泊星"（古时候的人是这样称呼行星的），也没有关系。因为天空中所有的天体（月亮、太阳、行星、恒星）的运动方式都大同小异（每小时移动 $15°$）。

现在我们要做下一个测量了，一天以后（多间隔

① 其实，当我们观测天空的时候，我们只知道太阳和星星之间存在着相对运动。假设太阳和星星都是围绕着地球运动的（表面上看的确是这样），那么，如果我们总是在相同的时间观察星星，也就是说，在太阳位置不变的情况下，我们就会发现星星的位置在一天天改变。反之，如果我们总是在星星处于同一个位置的时候去观察它，就会发现它出现在这个位置的时间在一天天改变。

几天更好），在同样的时间回到同一个观测点。这个
时候选择星星就非常重要了，我们必须选择一颗黄道
带内的星星作为观测对象。的确，一颗星星在 24 小
时内会发生位移，但它的移动方向与月亮在一天之中
的移动方向相反。问题开始变复杂啦！不过也不是太
难理解，只要我们将所有的观测结果都联系起来，就
会发现这一切现象都很好理解。

星星位移了几度呢？星星每天同一时刻的位置会向
西边位移 1°。所以，我们之前所说的"大概每小时移动
15°"其实是比 15° 稍微多一点点。至于月亮，我之前说
过它也是"大概每小时移动 15°"，但这个 15° 其实只有
12.5°，也就是说不到 15°。换一种说法，即月亮每天都
会比前一天晚大概一个小时升起和落下。而星星呢，每天
都会比前一天早 4 分钟出现和消失①。的确，4 分钟听起来

---

① 其实，分和秒既可以用来测量时间又可以用来测量角度，而且这一奇特
的现象还与星星的日常运动有关。巴比伦人将 1 天划分为 6 个小时（不
像我们现在使用的 24 小时制），因此对他们来说，星星每天提早出现
的时间是 6 小时中的 1 分钟，或者说是 360 分钟中的 1 分钟。这也就等
同于星星每天的运动轨迹会比 360° 推进 1°，所以我们可以说 1 分钟
就是 1°，也可以说 360 分钟是 360°。因此，角度和时间在概念上可
以直接对应，这也是命名法证实过的。

很短，但是随着一天天过去，这个时间逐渐累积，比如30天以后，同一颗星星出现和消失的时间就会早2个小时，以此类推。

这里再回顾一下，我们所提出的方法的焦点在于搜集用肉眼就能观测到的证据，这样才能准确地理解理论的阐述和数据揭露的事实。我们使用的是纯科学的研究方法：首先研究经验现象，然后对这些现象的解释（或者是研究已经存在的理论解释）进行大胆猜想，接着再深入研究那些最合理或是成果最丰富的理论解释。我们现在主要目标就是数据的采集，到第五章我们再深入探讨几个世纪以来对这些观测结果的解释。

寻找北极和南极

现在我们要来探索极北方和极南方的群星，并探索根据地理位置（纬度），什么时候能看到哪些星星。

为便于探索，这一次我们从在北极星四周运行的星座开始。从地球上看，北极星是天空中唯一一颗几乎不会发生位移的星星，因为它刚好处在地轴的延长线上。地轴穿过地理上的北极，它的延长线确定了北天极的位置，也就是北极星所指的地方。这里要说明一下，北极星只有在北半球才能够看到。

图 10　北极星？从来没见过

北极星的名气相当大，因为在拥有指南针之前，人们就是用北极星作为参照物来判断基本方位的①。正北方就是北极星与地平线的切点所在的位置。但它的名气大并不等于它很明亮。人们并不通过北极星的光亮来辨认它，而是通过北方天空中的其他指向它的星星（指针星）来辨认它。我们首先要找到两个极地星座（围绕着极点运动的星座）：大熊座和仙后座。大熊座是一个很大的星群。注意看星座中几颗星组成一个大勺子的部分，勺子末端的两颗星连成的线正好指向北极星。

---

① 有民俗天文学研究表明，现在仍有渔民在出航时靠北极星指引方向。例如在红海捕鱼的居民，以及突尼斯地中海海岸附近的克肯纳群岛上的居民。

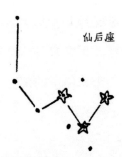

大勺子

大熊座

指针星

小勺子

北极星

仙后座

图11　北极星和指针星

　　而北极星呢，正好位于另一组组成一个小勺子的星群的勺把末端。我们一般不会把这两个勺子搞混，因为它们在大小和光亮程度上相差很大。

　　北极星的另外一端，与大熊座相对的就是仙后座。仙后座大致呈"W"形，但形状不是很标准。在南回归线以北的地方都能看见仙后座（10 月和 11 月）、大熊座和小勺子星群（4 月和 5 月）。

　　在南半球，地轴穿过地理上的南极，它的延长线确定了南天极所在的位置，只是南天极上没有特别亮的星星。但是也有很容易辨认的极地星座来帮助我们找到南天极的位置，它就是南十字星 ①。我们可以把南十字星想象成一把剑，有剑柄和剑身两个部分，剑柄比剑身短一点。如果我们沿着剑尖指的方向，将整个南十字星的中轴延长 4.5 倍，延长线所达到的位置就是南天极所在的地方（如图 13 所示）。这样我们就可以通过南天极与地平线画一条切线，找到正南方向了。但千百年来，这一切也在变化着，后面我们会探讨这个问题。

---

① 南十字星是南半球的代表星座。澳大利亚和新西兰的国旗上都有南十字星。另外，胡里奥·科塔萨尔一首思乡短诗的结尾写道："南面的十字星，苦涩的马黛茶，还有朋友们的声音，只能寻找它们的代替。"

日历与时钟：时间的测量仪

　　熟知极地星座的运行方式非常有用，如果我们清楚地知道它们的运行轨迹，就可以把它们当作日历和时钟来测量时间。

　　要想把这种想法更直观地展现出来，我们可以制作一种印有星座图的特殊雨伞，就像图 12 展示的那样。如果我们像图中那样撑开雨伞，选择 D 日的 H 时作为起点开始转动雨伞，那么我们就会明白星座是怎样被作为时钟和日历来测量时间的了。

　　说明一下，除了极地星座以外，例如黄道带星座、明亮的星星，甚至是太阳都可以用作日历和时钟。极地星座的好处在于它们从来不会消失在地平线之下（永不落下），只要观测者不是在太靠近赤道的地方就能一直看到它们。将天体作为时钟的理论基础在于：太阳和星星会在特定的时间内完成 360°的圆周运动，我们将这段特定的时间划分为 24 小时 ①。而将天体作为日历的理论基础在于：太阳会缓慢地（以每天 1°的速率）在星星之间运行，在特定的时间内完成 360°的圆周运动，我们将这段特定的时间段划分为 12 个月。

我们用北极附近的北斗七星或南极附近的南十字星做个范例。图 12 中向我们展示了雨伞（星座）每转动 90°就等同于这一天度过了 6 个小时，如果我们在接下来几天的同一时间点观察，就会发现星座每转动 90°就等同于 3 个月。

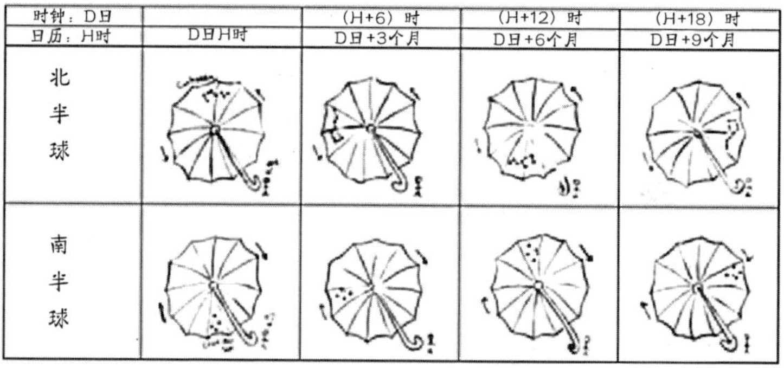

时钟：D 日 日历：H 时	D 日 H 时	(H+6) 时 D 日 +3 个月	(H+12) 时 D 日 +6 个月	(H+18) 时 D 日 +9 个月
北半球				
南半球				

图 12　将极地星座作为时钟和日历

时钟：在 D 日内，极地星座每 6 个小时转动 90°。日历：在一年之中，如果每天都在 H 时观测极地星座，那么，该极地星座每 3 个月会转动 90°。

① 星星完成圆周运动所需的时间大概比太阳少 4 分钟，但在我们的天体时钟中这点差别可以忽略不计。

如果时间特别特别长

黄道带和占星学星座

我们都知道，6000年前的埃及人和巴比伦人使用的是只有六星宫的黄道带。史学家认为，我们现在所使用的十二星宫是大概3000年前法老拉美西斯二世在位时才开始使用的。从那时起，春天的到来（北半球）就标志着一年的开始，这时的太阳在白羊座之间运行。也就是在那时，出现了既对占星术和星座感兴趣，又熟知黄道带星座与日期关系的人，于是就出现了"出生在3月15日和4月15日之间的人就是白羊座"这样的说法。

从白羊座我们可以看出黄道带星座与春天的开始之间有着古老的联系。在春天，一般绵羊先出生，在绵羊之后出生是牛，所以金牛座是紧随白羊座之后的星座。接下来就是山羊出生的时节了，山羊羔在古时候是双胞胎的象征。北半球的夏天开始时，太阳在巨蟹座之间运行，而冬天开始时，太阳在摩羯座之间运行。在这两个时间中太阳分别在南北回归线的天顶上，因此这两个星座与南北回归线同名[1]。

---

[1] 在西班牙语中，南北回归线的名字分别与摩羯座和巨蟹座相同。——译者注

　　即便 3000 年前的太阳运行轨迹是这样的，可现在北半球春分日时（日历上的 3 月 21 日），太阳却并不在白羊座之间运行，而是正在离开双鱼座，向宝瓶座运行（所以在 19 世纪 70 年代的经典音乐剧《毛发》中，一首歌唱道"宝瓶座的时代开始了"，在这部音乐剧中，占星学可谓浴火重生）。事实上，我们现在使用的日历与占星学认定的星座相比，已经位移了一个半月，位移方向与太阳的运动方向相反。这该如何解释呢？

　　因为我们的地球并不是绕着静止的地轴转动的，地轴本身也在做着圆锥运动，就像垂直旋转的陀螺一样。我们把这一运动叫作"岁差运动"（岁差的产生是由于太阳在朝着它年周运行路线中前一个星座靠近）。地轴需要 2.56 万年的周期才能画出完整的圆锥。因此，6400 年前太阳的运行线路与现在的星座位置相比大概有 3 个星座的误差。也就是说，现在的至日相当于当时的昼夜平分日。因此，双子座曾经是分点的星座，也代表着昼夜平分点，意味着地球上白昼和黑夜开始等长。可是经过千百年时间的推移，双子座相对太阳发生了位移，渐渐变成了 6 月的至点星座。

　　那么，这年复一年累积的太阳运动在星座群中的缓慢位移是什么导致的呢？例如，陀螺的进动[1]源于地球的地心引力对其非对称形状的作用，而地轴的进动是源于太阳和月亮的引力对地球赤道隆起而两极略平这一形状的作用。

地球极点的位置从来都不是一成不变的

随着地球的中轴线的方向改变，中轴线所指的天球点[2]也发生了改变。4000年前，当埃及人还在修建他们的大型建筑时，指示北天极的星星并不是北极星，而是天龙座中的一颗星星。这是在当时修建建筑和确立基本方位时需要考虑在内的事，这样才能确立建筑的线条和朝向。5000年以内，指示北天极的星星又将变成仙王座中的一颗。而在2.6万年以后，又将变回北极星。在这之间，没有可轻易辨认的星星来指示北天极的位置，人们只能寻找一个清晰可见的星座，利用星座的结构再加上一点想象来完成对北天极的定位（就像今天我们利用南十字星来定位南天极一样）。

---

[1]　陀螺的进动是螺旋形的。
[2]　天球指研究天体位置时引入的一个假想球面。天球心即天球的球心，一般取在地心，也可按需定义。——编辑注。

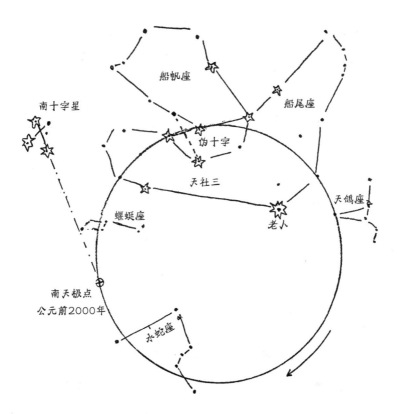

图 13　南天极受岁差运动影响的运行轨迹：2.6 万年的演变

　　在北天极"画圆"的同时，南天极也在做圆周运动。南天极点会穿过螳蜋座和船帆座，但在 1.3 万年以内，不会同任何肉眼可辨别的明亮星星相重叠，直到和天鸽座中的一颗星星相重叠后，南半球就能看到属于自己的南极星了，但那得是 1.3 万年以后的事情了。

星座形象在改变

　　漫天的繁星以地球为中心在天球上散落分布的景象，不仅美丽，还简单实用。但如果我们想用星星测量特别长的时间，它们就失去了标准，因为精确的观察会发现，每一颗星星都有自己的运行轨道，并不是所有的星体都是一起运行的。也正因为如此，每个星座的形象也在改变。例如，20万年的过程中，北半球天空中的北斗七星正在以图14所示的方式发生变化。

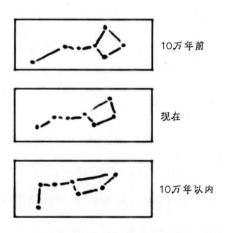

图14　20万年间北斗七星的变化

互动插曲，黄道表盘

如果想把我们到目前为止所了解的情况做一个全面的总结，我建议大家来组装一个黄道表盘，有了这个表盘就能轻易地解决很多问题。例如，5 月 30 日会出现满月，那么到时我们能在哪些星星（黄道带星座）之间看到它呢？以下是黄道表盘的组装指南。

接下来几页中是组装黄道表盘所需要的材料。如果是要做在南半球用的表盘，那么请使用第 63~65 页的材料；如果是要做在北半球用的表盘，那么请使用第 66~68 页的材料。组装指南对分别在南北半球使用的表盘的组装都适用。

我们的组装从认识 3 个圆盘开始：第一个是标注了黄道带星座的大圆盘；第二个圆盘稍微小一点，标有月相图和太阳的位置；第三个是标记了需要剪出一个圆形小窗口的圆盘。我们要做的就是把这 3 个圆盘和第三个圆盘中的小窗口从书中剪出来。

现在，我们可以把它们重叠起来了：放在最下边的是星座圆盘，中间的是标有月相图和太阳位置的圆盘，最上面的是带有圆形小窗口的圆盘。如果我们用一颗别文件的别针将这 3 个的圆盘的圆心别在一起，我们就能随意地分别转动这 3 个圆盘了，并且在转动的同时能保证 3 个圆盘的圆心不变。现在，我们要把已经制作好的表盘安置在我们的盘基上。盘基上标注了观测者的东西方向，以及经线的位置。

黄道表盘的使用方法

表盘的中心就是观测者所在的位置。通过表盘，我们能够判断太阳、月亮以及黄道带星座是否可见（也就是说，在地平线以上与否），是否在我们的经线附近，是从西边升起还是从西边落下，进而确定它们的具体位置。在一天之中，3 个表盘一齐在地平线之上自东向西运动。

太阳在星座表盘上的位置决定了一年中的时节。如果我们想要把表盘调到 5 月末或 6 月初，那么太阳应该位于双子座。这样，我们就能够轻易地辨别出哪些是可见的星座（除了双子座以外，其他的星座都在太阳的光辉之中），以及在夜晚的什么时间我们可以看见这些星座。例如，当太阳落下的时候，金牛座正在落下，摩羯座正在升起；宝瓶座、双鱼座和白羊座是可见的星座，夜晚中每过两个小时我们就能看见一个星座升起；人马座、天蝎座、天秤座大概在午夜可见；狮子座、室女座和巨蟹座在临近日出时可见。

我们一旦通过一年中的时节判断出了太阳相对于星星的位置，就能通过一个月中的时段判断出月亮与太阳的相对位置。我们假设今天有满月出现，如果想在表盘上显示出来，我们只需要转动最上层的带有小窗口的小圆盘，将小窗口对准满月即可，其他的圆盘保持原状。

一天中的时间是由太阳相对于地平线的位置所决定的。确立时间时我们可以将 3 个表盘同时转动。接着刚才的例子，满月只有在太阳落下以后（也就是说夜晚的时候）才会出现在地平线之上（也就是说可见）。据表盘显示，我们能在人马座之间看到满月。

黄道表盘的限制

像这样的表盘是非常粗略的，它只是将黄道带在一个平面上展示了出来。我们之所以说它粗略，是因为我们都知道月亮的运行轨道和太阳的运行轨道并非在同一平面上。

当我们设计一个适用于任何纬度的平面的表盘时（也

就是说没有第三维），我们简化了很多东西。例如，我们都知道，在昼夜平分日时，地平线仅以 180°展开；夏天的时候稍微大一点，冬天的时候稍微小一点。而且我们知道，这些大小差异与纬度也有关系。在极地地区的夏季，太阳永远不会下落，而在冬季太阳永远不会上升。但在我们的表盘上，不管在哪个季节，太阳永远都是早上 6 点升起，晚上 6 点落下。

　　然而正是这样简化了以后，我们才能够将所有星体的基本运动集中表现在一个平面上。

南半球

经线

东

西

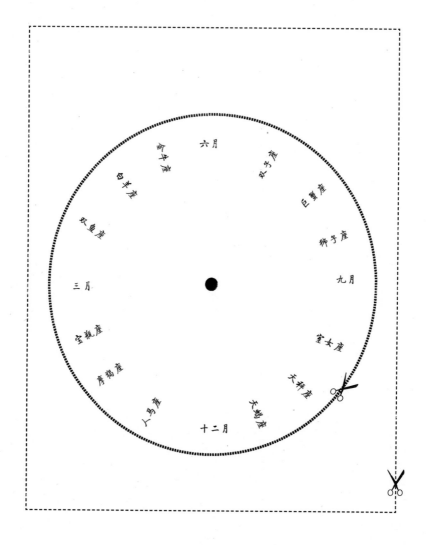

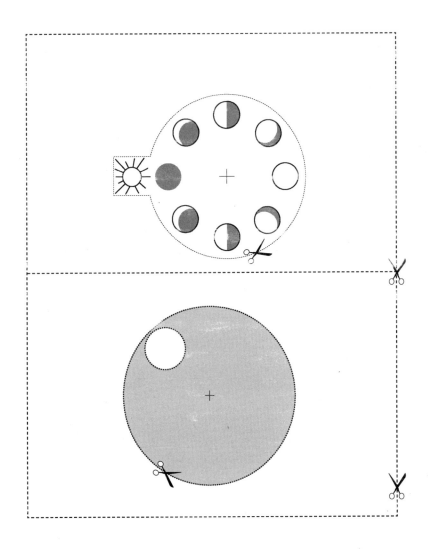

北半球

经线

南

北

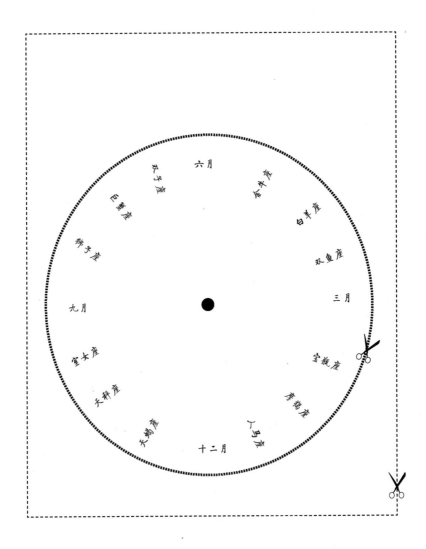

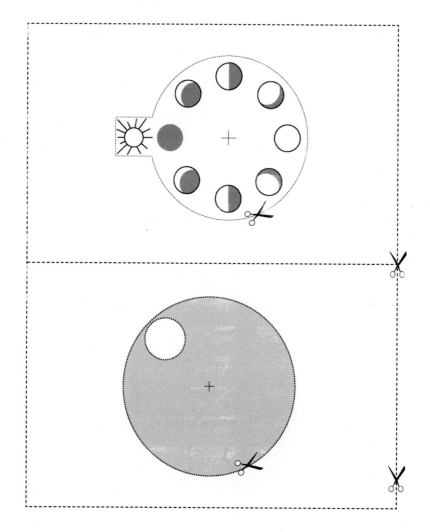

第五章

漂泊星

最原始的解释方法

如果我们从一个最无知的角度来看，也就是说，在天文学知识为零的情况下，我们会如何解释天空中天体的运动呢？让我们先总结一下我们的观察结果。

星星自东向西运行，而且所有的星星都会同时运行，似乎在绕着一根穿越天极的中心轴在一个球体表面旋转，每天大概转动360°。星星在天空中的运行轨迹，与在天极附近勾勒出的圆周轨迹，以及在地平线上出现与消失的地点，在一年之中都是相同的。太阳同样自东向西运行，但它的运行速度更慢一些，每天都会比星星晚4分钟升起和落下。随着日子一天天地过去，这一差异导致的结果非常明显：我们每天同一时间看到星星在改变，太阳好像在星星之间倒着走（一年倒转 360°），我们把太阳运行的这一段轨道叫作黄道。

一年之中，太阳在天空中运行的轨道也是不同的：它在地平线上升起和落下的地点，以及每天正午时能到达的天空最高点都是随着季节变化而变化的。月亮也是自东向西运行，但它的运行速度比太阳还要慢，每天比星星晚大概一个小时升起和落下，因此月亮也会在星星之间运行，而且它的运行轨迹几乎与黄道相重合（但并不是完全重合，所以我们不是每个月都有日食）。

上文提到的这些，都是几千年来地球上许多民族都知道的事情，并且被用各种方式记录下来，用以预测日食、月食的发生（这对宗教和巫术很重要）和一年之中不同节气的到来（对农业尤为重要）。但随着古希腊文明的繁荣，人们对天空的认识开始发生质的飞跃。古希腊人并不满足于仅仅将天体运动记录下来，而是追寻关于这些天体运动的解释。而且，他们不仅仅通过神话故事来解释（例如，一艘船载着太阳从一头游到另一头，一只乌龟承载了整个宇宙的重量），还寻求理性的解释方法，且越简单越好。古希腊人还不满足于单独解释每一个天文现象，而是希望找到一个不仅能够用来预测天文现象，还能解释大多数天文现象的框架，这个框架就是我们现在所说的理论模型。

　　用来解释日常天文现象的模型中，最简单的要属假设存在一个天球，球心是我们的地球，并假设地球是不动的。天球绕着穿过地轴旋转。所有的星星都分布在天球的表面，或者说星星们是天球表面上的小孔，因此每颗星星与地球的距离都相等，而且它们的运行轨迹都是以地轴为中心的圆。

　　要解释太阳在星星之间的运动则需要一个更为复杂的模型。这里我们需要再增加一个更小的、有太阳在上面运行的天球。为了解释我们观察到的太阳在一年之中的运行轨迹的变化，这个天球有它自己的中心轴，这条中心轴与有星星在上面运行的天球的中心轴交错形成23.5°的夹角。

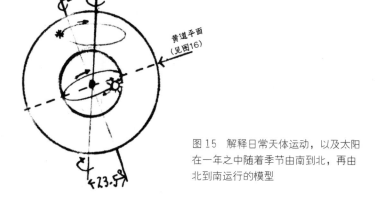

图15　解释日常天体运动，以及太阳在一年之中随着季节由南到北，再由北到南运行的模型

同理，为了解释月相变化，人们同样假设月亮也在一个天球上运行，这个天球离地球更近，它的中心轴也与有星星运行的天球的中心轴（也就是地轴）形成约为23.5°的夹角。

由此诞生了一个基于最简单的普遍原则的模型：匀速（运行速度永远不变，被认为是"完美"运动）运动的天球（被认为堪称"完美"的绝对对称的几何形状）。而在这一模型中，我们的地球是不动的。

如果我们从黄道平面上将3个天球切开，能够得到3个圆：黄道平面是最大的圆；有太阳运行的圆是中间的圆；有月亮运行的圆离地球最近，也是最小的圆。这一模型就是我们在上一章中制作黄道表盘时所使用的模型。

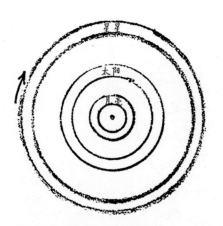

图16　希腊早期的天体运动模型

曾经，毕达哥拉斯学院①就有人提出过，3 个天球并非独立的（即星星、太阳和月亮各自拥有其运行的天球），也就是说它们并非以各自的速度绕着地球做同向转动，而是可以将它们看作一个整体，有星星运行的天球在拖着其他两个天球走。这样一来，太阳、月亮、星星同时运动造就日常的天体变化，太阳、月亮所在的天球绕着它们自己的中心轴反向旋转，并且速度也不同（太阳绕一整圈需要一年，月亮绕一整圈只需一个月）。

将所有天体运动看作一个整体的说法超越了之前天体各自运动的说法，在这之后，便出现了星星所在的天球并没有运动，而是地球在绕着它的中心轴反向旋转，由此产生了我们日常看到的天体运动这一假说。曾经有人提出过这一假设的简化版本：是地球在围绕着星星运行。但这种说法没有被广泛接受，因为当时"地球是不动的"这样的观点非常顽固，难以动摇。不过最终还是引发了争论，如果地球在转动的话我们当然能感觉得到，而且转动一定会造成强风吹走地面上的一些东西。这一争论持续了很长时间才结束。

---

① 毕达哥拉斯学院运营了两个世纪，大概从公元前 500 年至公元前 300 年。

行星

到目前为止，一切还顺理成章，上文提到的模型都能为我们所观测到的天文现象给出令人满意的解释。但我们还没有对所有的观测结果作分析。我们能用肉眼看到的天体不只是太阳、月亮和星星。如果我们仔细观察的话，就会发现有的星星有时能看见而有时却看不见；有时星光微弱，有时却明亮得如同悬挂在夜幕中的钻石；有时明显比别的星星运行得快，仿佛在拖着别的星星走。总之，它们就是古希腊人口中的"漂泊星"，即行星（在古希腊语中，行星一词又有"漂泊的"的意思）。仅靠肉眼的话我们可以识别出 5 颗行星：水星、金星、火星、木星和土星。在天文望远镜的帮助下，我们能看见太阳系另外两颗行星和一颗矮行星：天王星、海王星和冥王星。

总的来说，这些行星中最容易找到的是金星，因为它离太阳永远都不会太远（也就是说，只有在日出和日落的时候能够看到）。有一段时间，人们认为他们在日出和日落时看到的金星是两颗不同的星星，并给它们起名叫作"黄昏之星"和"黎明之星"①。

———————————

① 中国古代称金星为启明星。——编辑注

如果我们坚持每天跟随金星的运行轨迹，我们会发现它踏着之字形的舞步在行走。倘若我们在一天日落的时候看见了它（黄昏之星），接下来的几天我们继续观测，就会发现它距离太阳越来越远，最远的时候已经偏离了47°（大概6个拳头）的距离。这时它会停下来，几天后又开始向太阳靠近，直到消失在太阳的光辉里。再过几天，金星会从太阳的另一头出现（黎明之星），并开始日渐远离太阳，直至偏离47°的距离之后又开始折回，重新向太阳靠近，再次渐渐地消失在太阳的光辉之中。周而复始，金星就这样不断地从太阳的一头消失，再从太阳的另一头出现。

正如我们肉眼所见，金星是不会闪烁的。行星和恒星的差别不仅在于行星会漂泊流动，还在于行星是不会闪烁的。我们之所以能看到行星星光闪烁，是因为地球的大气在不断运动，使得射入我们眼中的光线（恒星的光是直射光线，而行星的光是太阳光的反射光线）的强度随时间和地点的变化而变化。行星与我们的距离比恒星要近很多，但其大小也比恒星小很多。所以我们所看到的行星不是简单的太空中的小孔而已，而是有尺寸、有维度的——相比起恒星在天空中戳出的小孔，行星们就好比是天空中的大头针。因此，行星的不同部分会分别闪烁，而我们肉眼所看到的这些光芒就综合成了一道均衡不变的光芒。

有一颗星像金星一样，在空中以之字形运行，而且不会闪烁，但它偏离太阳的距离不会超过28°（小于4个拳头），它就是水星。不过，想要分辨出我们所观察的行星具体是哪一颗，还需要借助一个天文表的帮助，也就是所谓的星历表，星历表上记录了每颗行星一年中的每一天所处的位置。

除了水星和金星以外，有时还能看到火星、木星和土星（这要视它们在运行轨道所处的具体位置而定）。这几颗星和金星、水星一样，在其他星星之间运行，运行方向与太阳和月亮相同（自西向东），而且运行轨道也几乎相近（黄道带）。运行到一定的时间就会停止，开始反方向运行（自东向西），我们把这种运动叫作逆行运动。但与金星、水星不同的是，火星、木星、土星在星星之间的运动更加缓慢：火星需要2年的时间才能在黄道带上走完一圈，而木星需要12年，土星则需要30年。逆行运动几乎每年出现一次。图17描绘了我们可以观测到的行星运行轨迹。

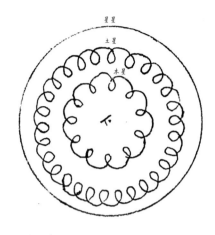

图 17　从地球观测到的木星和土星的运行轨迹（天文学家卡西尼的图解，1709 年）

在毕达哥拉斯学院提出的天文模型中，行星的运行框架与太阳和月亮相同，因此，土星、木星和火星（运行速度较慢的三颗行星）所在的天球与太阳和月亮所在的天球同心，并且处在太阳和星星所在的天球之间。而在太阳所在的天球和地球之间的，就是金星和水星（运行速度较快的两颗行星）所在的天球。但很显然，即使给每个天体都划分了专属的天球，也不足以解释天体的逆行运动。在别的天文模型中，例如欧多克索斯（公元前 4 世纪），就提出了一个天体在多个天球上运行的模型，每个天球同心运转，只是其中心轴以不同的角度倾斜。

这一水晶状同心天球的模型提议得到了颇有威信的亚里士多德（公元前384—前322）的支持。对亚里士多德而言，天球是完美的实体。因此，天体的运行轨迹应该是在水晶状的天球上画出的完美的圆，毫无瑕疵。而且天空中一切运行的天体都是围绕着地球在运行，地球始终保持不动。这些亚里士多德式的天文思想主导了早期天文学，并持续了好几个世纪。

为囊括行星而完善的天文模型

随着时间的流逝，人们越发意识到上文所提到的天文模型太过简陋，没有办法解释行星的大小、亮度以及速度的变化，此外还有很多现象也都无法解释。例如，太阳在一年之中的某些时节运行的速度更快。

为了使这一天文模型更加完善，天文学家们渐渐加入了一些精确的几何概念（希腊人的"3E模型"，偏心率、本轮和等距），使得原始系统变得更加复杂。例如，为了解释太阳为什么在一年之中会改变运行速度，有人提出了一种非同心框架，认为太阳所在的天球球心离地球有一小段距离。这样的话，即使太阳在它的运行轨道上按匀速运行，

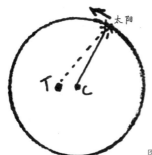

图 18　非同心框架

地球上的观察者观测到太阳运行速度也可以是非匀速的。

　　然而，有的人却无法忍受这一点点对绝对对称的圆的偏离。而且，太阳运动的中心又有什么特殊意义呢？更糟糕的是，这一非同心框架也不足以解释行星的运动。于是学者们又在原来的框架上加入了一些小圆，我们把它们叫作本轮。这些小圆在大圆的基础上旋转运行。但本轮系统也无法解释所有的观测结果，于是，托勒密（约 90—168）又在该模型中加入了一个叫作等距的点，来解释行星的运动，可这也让模型变得更加复杂了。

　　在对圆周半径、偏心距离、运行速度以及圆周平面倾斜度精细设计之后，一个极具复杂性与精细度，如同精密机械仪器般的天文模型诞生了。这一模型对天文、航海以及用以"预测未来、窥视过去"的占星术都有着极大的帮助。

　　大约在公元 100 年左右，托勒密发展的地心说终于完整地解释了人类所有的天文观测结果。托勒密的地心说系统中共有 55 个圆周，精确地再现了所有肉眼可见的天体的运行轨迹，也能准确地预测天体运行。除此之外，托勒密地心说在一定程度上还捍卫了亚里士多德的天文思想：地球不动，速度永恒，绝对对称，做圆周运动。但这也为其成功付出了高昂的代价：地球不再是所有圆周的中心，天体运动不一定是围绕着地球进行的。

第六章

天文模型

众所周知，地球是围绕着太阳转动的。但是……这真的是显而易见的事情吗？事实并非如此。也正是因为这一现象不那么明显，教会直到19世纪才接受了这个观点。他们拒绝接受这一观点的原因并非完全是出于科学考虑，有很大一部分原因是出于傲慢，将人类摆在宇宙系统的中心①。而本章节所涉及的，是从托勒密体系（以地球为中心的地心说）转向哥白尼体系（以太阳为中心的日心说）的科学原因。另外，这一章的主角，就是上一章已经提到过的行星。

上一章我们已经提到，托勒密在他的时代完善一套关

---

① 在西班牙语中，只需将字母的顺序做一点调整，"地球中心（GEOcéntrio）"一词就变成了"自我中心（EGOcéntrico）"，这是不是暗示了什么呢？

于肉眼能见的所有天体运动的几何体系，解释了一切人类肉眼观测天文的结果。在托勒密的天文模型中，地球是永恒不动的，其他天体在它的周围围绕着它运行，这一观点与早期的希腊天文学中的观点相似。但行星的运行使天文模型变得更复杂，增加了不少笨重的几何装置（测算等距、本轮、偏心率的装置），也证实了许多古老的亚里士多德式的模型中的猜想是错误的：地球不是天体圆周运动的中心，天体的运行速度也不一定是恒定的。但地球仍然是保持不动的，天体的运行轨迹也仍是圆形。

这一模型已经十分精确，一直还在航海中使用，用来在茫茫大海中判断方向（虽然现在卫星定位系统已经渐渐将其取代，并终将完全取代星历表、太阳和星星在航海中的作用）。而且该模型的实用性也极高，以至我们的日常语言都受到它的影响，例如我们常常会说"太阳落下了"或是"星星出来了"。

如果说这一模型已经能够完美地解释天体运动中每一个细枝末节，那我们该如何解释日心说的诞生？在这里我们需要先弄清楚，一个理论模型被接受必须要满足什么条件。其实，阿里斯塔克（约公元前310—约前230）早已提出过一个日心说模型（公元前300年左右），但为什么没有被接受呢？一方面，是因为这与当时亚里士多德的哲学主张相悖。亚里士多德的哲学主张是在每个实体的"自然运动"与"自然位置"的基础上建立的，而地球的"自然位置"就是宇宙的中心，它的"自然运动"则是不运动。另一方面，阿里斯塔克的体系并不能用来预测行星的位置。像这样不能用来做预测的体系就没有办法证实它的可靠性，始终只停留在纯理论的推测层面。其实当时盛行的地心说也只是纯理论推测，但并不违背当时的哲学思想。因此，既然都是理论推测，人们自然是选择相信他们更熟悉、更容易相信的理论了。

400 年以后，这一更熟悉、更容易让人相信的理论逐渐演化成了所谓的现象模型（托勒密模型），这种现象模型已经趋近一种计算器了，既可以列举出各种天文现象，又能预测天文现象，但依然不能对天文现象作出解释。具有解释功能的模型是过了很久，大约 1600 年以后，才随着牛顿（1643—1727）一起出现。

准确地说，这 1600 年中的大部分时间，欧洲都处在被入侵或是中世纪黑暗统治当中。因此科学几乎没有发展，我们的故事线索到这时也就被切断了。接下来要从 15 世纪的哥白尼（1473—1543）重新说起。

被逐步摒弃的托勒密

当哥伦布发现美洲的时候，哥白尼还是波兰的一名年轻学生。他的著作《天体运行论》的发表可谓是天文学界的一次革命，因为该书提出了一种定位行星位置的全新模型。在他的天文模型中，太阳才是静静地处在宇宙中心的那一个，而且所有的天体都围绕着它运行，包括地球在内。

哥白尼知道他提出来的学说会遭到很多人反对，在临死之前才发表了他的著作，并将一份副本交给了教皇格里高利。在著作的序言中，哥白尼声称他的体系最大的优点就在于简单。这个体系提出的观点可能与我们对天文的理解大相径庭，因为它否认天体运行时是绝对和谐、对称、有条理的，但也肯定天体的运行反映了上帝的想法。哥白尼认为，越是教会中上层的人士，在认清行星运行轨迹后越是沉稳淡然，因为这是对上帝的敬意的表达。半个世纪后的伽利略（1564—1642）与教会的冲突则是一段沉痛的历史。

虽然哥白尼的天文模型是日心说体系，但还是沿用了亚里士多德的基本概念：圆周和恒速。毕竟，需要使用至少 30 个圆周才能给行星运动做一个好的定量描述，其中包括本轮和偏心率。所以在这方面，哥白尼的日心说并没有比托勒密的地心说优越多少（而且也没有精确多少）。

　　总的来说，哥白尼日心说的创新在于它的定性描述更加简明，但定量描述并没有优于托勒密的地心说。哥白尼的日心说不仅没有表现得更加优秀，而且经验证，两个体系都没有人们认为的那么精确。这是由一名贵族出身的丹麦少年——第谷·布拉赫（1546—1601）验证的，他悉心观测，记录了一次天文大事件的发生（土星和木星的相遇）并发现这一事件与托勒密的星历表给出的时间有一个月的偏差，与哥白尼给出的时间有几天的偏差。（但要知道，从托勒密的星历表建立到这一天文大事件发生已经过了 1400 年，所以对 1400 年来说，一个月的偏差并不算太大。）正值少年的第谷当时只有 16 岁，但他已经明白，要想建立一套令人满意的天体运行理论，必须要以准确可靠的实验数据作为基础，而要收集到准确可靠的实验数据，则需要系统且细致的研究，靠双手（或双眼）去发掘。

　　在丹麦国王弗里德里希二世的帮助下，第谷在一座名叫汶岛的岛上修建了一座天文台。弗里德里希二世是第谷的庇护者，并给第谷的研究工程投资了上吨（毫不夸张）的黄金。第谷的研究工程可谓野心勃勃，工程中除了必备的天文观测仪器以外，还有 4 座天文台、天文图书馆、作坊、出版社、造纸厂，以及供天文学家、学生和仆人住宿的房间。甚至还修建了一座监狱，用来关押那些行为违背他的意志的人。第谷建造的一些天文观测仪器体积极为庞大，被固定在坚实的地基之上，这都是获取可靠数据的必要条件。第谷本人作为一名优秀的实验者，亲自负责调校仪器，还专门制作了一个系统误差表，纠正了因大气造成的光折射而导致的误差。这样做的结果是数据的精准度得到了极大的提高：第谷的数据的可靠度可达 2′（1°的 1/30），而当时使用别的理论表的可靠度只有 10′（1°的 1/6）。如果想要知道这些数字意味着什么，大家可以回想一下我们之前用校准过的拳头对太阳、月亮和星星的运行轨迹做的测量，一根小指头（至少我的小指头是这样）的误差就等同于 0.5°（1°的 1/2）。然而，激光测量的结果的精准度可到达 1°的 1/1000。

　　虽然第谷的本职是一名实验者，但他想努力修补地心说和日心说之间的裂缝，于是提出了一种新的天文模型：地球是不动的，太阳围绕着地球运行，行星则围绕着太阳运行。除此之外，第谷还在仙后座（北极附近的星座）发现了一颗新的星星（被称为"第谷超新星"），并偶然地发现了一颗远距离彗星，也因此使得亚里士多德的学说开始渐渐失去威望。像这样的超越天球界限或是以新天体为对象的观测，逐渐瓦解了古希腊天文模型的基础。古希腊的天文模型认为天空是亘古不变的，也就是说天空中没有天体发生过任何改变。

当庇护他的国王去世以后，第谷迁居到了捷克。与此同时，一位名叫约翰内斯・开普勒（1571—1630）的德国年轻人也来到了捷克，同第谷一起工作。开普勒也是一个颇受争议的人物，他一只脚还踩在中世纪，另一只脚却已踏入了现代世界。开普勒曾设计了一个模型来解释行星轨道的大小，使用 5 种已知的正多面体将行星们联系起来。在几何中，正多面体是每条边都等长的多面体。这 5 种正多面体是：正四面体、正六面体、正八面体、正十二面体和正二十面体。开普勒觉得，存在 5 种正多面体又恰好存在 5 个星际空间（已知的 6 个行星之间的空间）是个极大的巧合。并认为行星的轨道是由 5 种正多面体决定的。于是，他将 5 种正多面体像俄罗斯套娃一样套在一起，并将每一个正多面体圈定在一个球体之内，球体又与下一个正多面体相切。这 6 个球体的大小大概就是 6 个行星在太阳周围的轨道范围。

图 19（A）展示了开普勒的天文模型的一部分。最外层的球体对应的是土星的轨道，与这个球体内切的是正六面体。下一层的球体对应的是木星的轨道，该球体与正六面体外切，同时又限定了正四面体的大小。火星的轨道又与正四面体内切，以此类推。

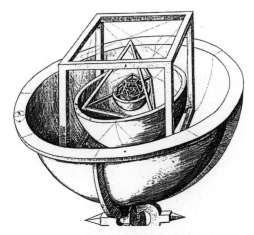

图 19（A）　开普勒的天文模型

第谷对年轻的开普勒产生了兴趣，因为开普勒的天文模型既具有想象力，又体现了计算才能。于是，第谷把开普勒招来做助手，并且任命他解决一道计算难题：计算火星的轨道。在计算中，开普勒和那个时代的所有天文学者一样，将火星的轨道设想为圆形。当开普勒把自己的计算

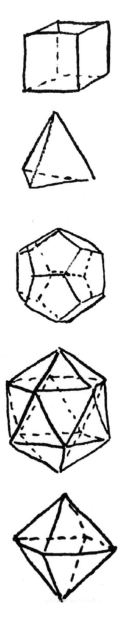

图 19（B）　开普勒的天文模型中 5 个正多面体依次相套的顺序

结果和第谷的实验数据作对比的时候，发现并不相匹配，甚至偏差比实验误差要大得多。但开普勒丝毫没有对第谷的实验结果的可靠性表示怀疑。因此，他总结出，自己的理论与现实不贴合。

现在我们知道了，开普勒计算的恰好是火星轨道，而不是别的行星轨道。因为火星的轨道是所有近日行星中偏心率最大的，因此得出的计算结果与实验结果偏差也最为明显。

受到这一结果的激励，开普勒决定摒弃行星轨道是圆形的设想，并开始从反方向着手解决问题：他不再想办法通过计算证实观测数据，而是利用第谷的数据来寻找一套日心体系的轨道。就这样，我们现在确认不疑的真理被发现了：围绕太阳运转的行星的轨道是椭圆形[①]的。

这是开普勒定律中的第一定律。接下来我们会看到，这一定律奠定了牛顿万有引力定律的基础。

---

① 椭圆形的几何定义为：平面内两个焦点中的一个焦点到椭圆上任何一个点的距离与这个点到另一个焦点的距离之和是一个常数。开普勒称，太阳就位于椭圆轨道的一个焦点上。（另一个焦点就是一个几何点，没有实质性意义）椭圆直径越长，焦点之间的距离就越远。当两个焦点逐渐靠近，直到汇合成一个点以后，椭圆就变成了正圆。

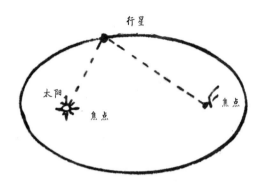

图 20　一颗行星的椭圆轨道以及椭圆上的两个焦点，太阳位于其中一个焦点上

开普勒第二定律终结了行星运行速度永恒不变的说法。该定律称，由于行星运行轨道为椭圆形，行星在离太阳较近的时候运行速度会更快一点。

在提出了这两大定律之后，开普勒又继续专研了十年，找到试图以正多面体解决原始问题的方法：找到不同行星运行之间的联系。他已经知道了，行星与太阳的距离越远，它走完椭圆轨道所需的时间就越长。开普勒所做的，就是用数学的方式解释这一联系，并将它作为第三定律提出。

从概念上看，开普勒的贡献是相当重要的。他的三大定律给体系提供了测算行星运行的数学基础。虽然我们现在记住的更多的是开普勒的三大定律，但他直到生命的尽头，都认为正多面体与球体嵌套的天文模型是他对科学所作出的最大贡献。然而对我们来说，虽然这套理论有着一些十分有趣的解释，但它不过是一套数字游戏而已，缺乏因果关系。还有一件有趣的事情，开普勒是首批现代天文学家中的一员，同时也是生活在中世纪的人，他专研星象与星座，还成为国王的占星师。①

后来，伽利略又给了托勒密的地心说致命一击。在荷兰的伽利略也了解到了上文提到的这些刚公布不久的天文发现，在这些知识的基础上，他使用自己制造的天文望远镜开始观测天空，发现木星的附近也有月亮！也就是说，地球的附近有一个天体，并绕着它转动并不是什么独一无二的事情，也有另一颗行星作为另一个月亮的中心而存在。而且，木星的月亮的运行也满足开普勒定律！当伽利略用他的天文望远镜观测金星时，发现金星就像月亮一样，也有相变！但伽利略所观测到的金星的相变并不是地心说的产物：金星的相变表明它会运行到太阳相对地球的另一端。这两项观测结果是最早的两项支持哥白尼日心说的证据。

除此之外，通过天文望远镜，伽利略还发现太阳和月亮都不是完美的天体（月亮并不是一个完美的球体，而太

---

① 他的母亲也是那个时代的女人，曾被女巫关押过。

阳的表面有斑点）。这两项证据再次证实了古希腊天文猜想的错误，使得古希腊天文学威严尽失。

伽利略的故事人尽皆知，他并不是一个特别和善的人。开普勒曾经请求伽利略送给他一台天文望远镜，好亲眼看一看木星和它的月亮是怎样满足自己提出的定律的，但伽利略始终都没有时间给开普勒送去天文望远镜。而在这期间，伽利略将他的天文望远镜到处送给相识的达官贵人，其中一位收到伽利略的望远镜的贵人就是威尼斯公爵。为了讨公爵的欢心，伽利略在送给他望远镜时说，用这台望远镜可以看清远处的船只，这样远远地就能知道船上的是朋友还是敌人。

伽利略以为，他的观测结果已经可以使人们彻底信服，人们没有理由依然拒绝接受哥白尼的日心说了。但他错误判断了教会的态度，教会要求伽利略不要将哥白尼的日心说作为真理宣扬，而是只能说它是一种可能的解释方法。这种说法听起来非常现代，后来在美国和意大利，进化论也有同样遭遇。哥白尼的书籍确实被教会列入了禁书名单，但伽利略仗着自己与新教皇（乌尔班八世）交情匪浅，发表了《关于托勒密和哥白尼两大世界体系的对话》，在文中处处维护哥白尼的日心说。宗教法庭对他作出了判决，并强迫他签署一份否认哥白尼日心说的文件。据说伽利略在签署这份文件的时候摇着头轻声嘀咕"Eppur si muove——其实是地球在运动"。之后伽利略一直被软禁在家中度过余生。伽利略的书籍也被列入了禁书名单，同时被禁的还有哥白尼的书籍和开普勒的部分作品，这些书籍和作品直到 1835 年才被解禁。

第七章

大总结

现在轮到牛顿登场了，他的出现让这个故事走向高潮。牛顿和伽利略以及更早的亚里士多德一样，都对地球上的物体的运动充满了兴趣。亚里士多德早已为万物的运动给出了解释，他认为，地球上的物体和太空中的物体从本质上是截然不同的。但所有的物体，不管是地球上的还是太空中的，都有属于它自己的位置，或者叫自然位置，都有着一项将它引向自然位置的自然运动。我们已经了解，亚里士多德的一些观点在 1600 年后仍然盛行，就是天体的自然位置为地球周围的圆（地球静止不动，是宇宙的中心），而天体在这个圆上的自然运动速度是恒定的。

怎么落向地球

　　亚里士多德说，地球上的物体都是由4种基本元素构成的：土、水、空气和火。这大概就是亚里士多德的基本元素周期表，亚里士多德式的化学观。（而天体则仅仅是由第五种元素构成的，所谓的"第五元素"）4种基本元素中的每一种都有属于自己的自然位置：水在土之上，空气在水之上，而火在其他3种元素之上。地球上的物体的自然运动则是由它的元素构成所决定的。因此，水中的气泡会上升到空气之中。从空中掉落的石头会穿越水到达它的自然位置——泥土。

　　简单来说，如果要让亚里士多德解释为什么从树上脱落的苹果会落向地面，他会说苹果的自然位置是土，所以苹果会落向地面。苹果的自然运动就是加速下落，不需要更多的解释。

　　上文提到的亚里士多德式的理论是在19个世纪以后，伽利略在比萨大学里还在学习的理论。但是，伽利略对自然的描述和解释的切入点发生了质的变化。亚里士多德的宇宙论，也就是他的"万物学说"只解释了万物"为什么"运动，完全没有关注它们是"怎么"运动的。既没有做过任何实验也没有细致地测量，并认为知道其中的"为什么"就足以阐释清楚万物运动的过程。伽利略则将重点放在了"怎么"上面，追寻对各种现象的数学的、定量的描述。他的定律详细地描述了物体是如何下落的，这一点奠定了他的接班人牛顿构建出一套科学理论的基础。

牛顿提案的试金石是"力"的概念。亚里士多德认为，东西之所以落向地面，是因为它们在寻找它们的自然位置，牛顿则说这是重力的作用。但光靠重力一词依然什么都没有解释清楚。根据牛顿的解释，我们将地球吸引其他物体的力叫作重力。在没有别的力量的作用下，被地球吸引的物体都会做自由落体运动。其中最具代表性的例子就是我们常说的那个激发了牛顿的灵感——让他发现了万有引力定律的从树上落下的苹果。那是不是月亮也和苹果一样，受到地球的吸引呢？这股迫使苹果和月亮落向地球的力量到底是什么样的呢？

然而，牛顿是一个偏神经质①的人，在他研究成果最丰硕的 25 年中，几乎是将自己锁在剑桥大学的小宿舍中度

① "他是个彻头彻尾的神经质。" J.M·肯尼斯在纪念牛顿诞辰三百周年的庆典上如此说道。（Physics and Man, Nueva York, R. Karplus, Benjamin, 1970, p.22.）

过的 ①。他认为和同事讨论只是浪费时间，由于他太过闭塞，没有人知道他的思想是如何产生又是如何发展的。牛顿一直在钻研力学概念，直到 1687 年，应一名同事兼好友（哈雷，与彗星同名的哈雷）的要求，牛顿才发表了他的著作《自然哲学的数学原理》。后来这本书使牛顿名声大噪，这也是他的最后一部科学作品，书中记录了他对自然力学的研究。

在《自然哲学的数学原理》中，牛顿提出了制约地球上所有物体运动的牛顿三大定律，其中牛顿第一定律是对伽利略的观点改良后得来的：在没有外力的影响下，任何静止（或匀速直线运动）的物体会一直保持静止（或保持匀速直线运动）状态。也就是说，静止或匀速直线运动状态才是万物的"自然位置"。②

若想要移动静止的物体或是改变运动中的物体的运动

---

① 在这段时间里，牛顿不仅写下了大量的科学论文，还写下了数量相当的、甚至更大量的关于炼金术和神学的文章，很显然对这些问题的研究也占用了他大量的时间。在牛顿 45 岁的时候，他完成了此生的主要作品《自然哲学的数学原理》。此后到他去世的 40 年中，他一直担任皇家铸币厂监管（其主要工作就是给钱币加铸锯齿边，以防投机取巧的人将银块切开），以及皇家学会的会长，且一直受到民众的赞扬和尊崇，再也没有发表过别的作品。

② 有人曾建议把这样一句话刻在牛顿的墓志铭上："一具静止的身躯在这里永恒静止。"

速度和方向，都需要外力的作用。如果外力是顺着物体的运动方向作用于该物体，则该物体的运动速度加快。若想要改变物体的运动方向，外力则应该作用在别的方向上。所以，在牛顿看来，物体运动的有趣之处在于它的改变，而改变发生的原因就是力的作用。

对于亚里士多德主义者，"力"是维持物体匀速直线运动的必要因素。显然，我们的常识好像也是这样告诉我们的。例如，如果我们在开车的时候要想保持车速，我们就必须不停地踩油门。但这样做其实是为了克服摩擦力，摩擦力就属于一种外力。伽利略是第一个将地球上物体的运动理想化的人。伽利略意识到，如果没有摩擦力（如果我们有办法摆脱摩擦力的话），匀速运动和静止的状态可以一直维持下去。牛顿第二定律结合了力、质量和加速度，以数学的方式解释了力是如何作用于物体的运动的。

牛顿第三定律表明，力的作用都是相互的，而且呈对称性。如果我们用力推一个物体（将外力作用在这个物体上），我们也会受到这个物体"反推"我们的力。在苹果落地的例子中，地球的引力作用在苹果上，同时苹果的重力也作用在了地球上（只是苹果的力太小，完全不足以使地球移动）。

就这样落向地球

　　至此，我们已经了解了制约地球上的物体运动的三大定律，以及另外制约太空中的行星运动的三大定律。牛顿思想的又一高明之处在于，他相信适用于地球的力学定律也能解释天体的运行机制。于是，牛顿将他的三大定律与开普勒的三大定律结合了起来，这使他超越了开普勒的几何公式，找到了行星运动的动力。

　　是的，开普勒称行星沿椭圆的轨道绕着太阳运行，牛顿则说这其中肯定有一个力导致了行星的曲线运动。如果没有这个力的话，行星一定会一直朝着一个方向运动，就像我在手中转动的套牛绳，在我放手的那一刻它一定是朝着直线的方向飞出去的。

　　能够使行星一直保持在它的轨道上运行的力量到底是什么？这是一个绝对的后亚里士多德时代的问题。我们之前讲过，在亚里士多德的思想纲要中，行星之所以在它的轨道上运行，是因为这是它的自然位置与自然运动，没有什么需要解释的。但像开普勒和笛卡尔 ①，已经开始思考力

————————————

① 17 世纪的法国哲学家。

学的问题了。开普勒曾假设太阳对于行星存在一种磁力，进而吸引了行星。笛卡尔则认为宇宙中充满了我们"看不见的流"[1]，"流"中的漩涡决定了行星的运行。还有一种说法非常有趣但出处不详[2]，说是有看不见的天使在行星的背后拍着翅膀推着行星朝前行进。在牛顿这里不需要用什么向前推的力来解释行星围绕太阳的运行，而是仅用一种来自太阳的吸引力就解释了行星的运行（行星在轨道上运行的侧面）。

通过开普勒的另外两条定律，牛顿证实了行星的受力方向正好与太阳－行星轴一致，而且该作用力的大小与行星和太阳之间的距离成反比。也就是说，行星距离太阳越远，受到的吸引力越小；如果一颗行星离太阳的距离是另一颗行星的两倍，那么它所受到的吸引力是另一颗行星的四分之一。证明中所涉及的数学一点也不简单，且晦涩难懂[3]。因此，牛顿在（通过好朋友哈雷）将它公开发表时备受科学界的压力。

---

① 在科学的发展史上，"看不见的流"曾多次用来解释无法解释的现象。

② Feynman,R.,Lectures on Physics,vol.I,sec.7-3,Massachusetts, Addison-Wesley, 1963.

③ 为此牛顿不得不发明微积分来解决这一问题。

　　到这里，牛顿已经提出了这种力的方向和相对大小。但想要弄清楚这种力的绝对大小值，还需要更多对它的特性的猜想。于是，牛顿抛出了他的普遍泛化的大猜想，声称宇宙中所有的实体，不管是地球上的还是太空中的，相互之间都有一股吸引力制约，这种力和地球吸引苹果落地的力是同一种力。这一猜想就是我们所知道的万有引力定律。

　　为了验证他的理论，牛顿又回到了月亮绕地球运行的问题上。牛顿认为，月亮绕着地球运行实际上是受到地球引力影响，不断落向地球的运动，这和别的物体受地球引力影响落向地球的道理是一样的（例如苹果）。但这怎么可能呢？月亮落向地球？这个概念确实让人犯迷糊，因为事实上月亮虽然落向地球却又不曾靠近地球。如果它不是在"下落"的话，那么应该沿着直线离地球远去，不是吗？所以，我们可以想象它是在下落的，如果没有地球的引力吸引着月亮，它应该早就直线运行远离地球了。让我们在回到那个套牛绳的例子：当我转动手中的绳子时，我就已经发出了一股吸引绳子末端的球锤做圆周运动的力量（我的手就能感受到）。我手中感受到的这股力和地球吸引月亮的力其实是同一种。

　　牛顿用他的万有引力定律计算了月亮绕地球转的周期，得到的结果与观测结果完全一致。受到这一结果的鼓励，牛顿又继续使用这套理论解释了太阳和月亮的引力对地球上的海浪的潮汐作用，并借此计算出了月亮的质量。而他的朋友哈雷则运用这套理论预测出了以他名字命名的彗星的出现。牛顿的追随者们利用这套理论解释了他们观测到的天王星运行轨道上的混乱现象，还借此发现了海王星。这套理论的应用范围非常广，对太阳系之外的星星和星系也适用。

　　好了，这个关于天文的故事最后就以牛顿实现的伟大综专完美收场。亚里士多德式的二分法总算是消失了。万有引力定律被作为用来解释所有物体的运动的唯一定律。直到爱因斯坦出现并证明牛顿的定律也有其局限性，但这已经远远超过了肉眼可观测的天文学的范围。

结束语

理查德·费曼① 在加利福尼亚理工学院的一堂物理课上，他对他的学生说了如下一番话：

诗人们总是说科学破坏了星辰之美，说星星不过是集结成团的气体原子而已。可我认为根本没有什么"不过而已"。我也可以在明亮的夜空下观察和感受星辰，但就因为我知道了一些事实，我看到的和感受到的就少了吗？

我被困在这片土地上，同时在茫茫的太空中旋转，我能看见从上百万年前穿越而来的光。或许现在构成

① 当代物理学家，因在量子电动力学方面的贡献获得了诺贝尔物理学奖。他非凡的智力和生性中的幽默感造就了他的活泼与独特的个性。据说，一次在去往巴西的前夕，他开始学习西班牙语，可到了里约热内卢以后，他惊奇地发现，当地人说的话他一个字都听不懂。

我的物质就是一颗已经被遗忘的星星的气体原子，它正如我现在看见的广袤夜空中拼命闪烁着消耗自身实体的每一颗星星一样。我也可以通过天文台的望远镜来观察它们，看它们是如何从一个起点逐渐拉开距离的，要知道它们可能曾在这里聚集在一起。它们运行的规律是什么？这意味着什么？这其中又有什么缘由？

我们知道一些事实并没有让天空失去它的神秘色彩。广袤的天空中发生的奇妙事情远远超乎诗人们的想象……

我认为，像诸位这样能够耐心阅读至此的读者，你们同样"被困在这片土地上，同时在茫茫太空中旋转"，你们也一定会赞同费曼教授的说法，天空的诗意和神秘不会因为我们对它的了解而消减，而是我们越了解它，越能感受到它的魔力。当我们去探索天体的运行模式，以及其中永恒的规律时，我们就能感受到这其中的惊奇与曼妙……与此同时，我们还会为一些奇特的天文大事件感到惊奇。此外，我们的思想也参与了冒险。这趟冒险从我们制作星历表的祖先开始，他们观测到天空中发生的种种变化之后，将天体运行的个体规律总结成一张表，然后用这张表预测未来的事件。接着，古希腊人加入这趟冒险，他们创造出了一系列的天文模型来解释天体的运行规则是如何形成的。最后，随着现代科学的曙光出现，拥有了一些为了解释我们所看到的天体运动而创造的定律和理论。

　　我们这趟徘徊在天文学和物理学之间的冒险不仅给我们带来了曼妙与惊奇，还让我们见证了科学知识的构建。这绝非偶然，科学知识的最大特点就是经验性，也就是说，科学是建立在我们了解周围世界现象的基础上的，而对这些现象的了解都可以通过观察得来。在此次的旅程中，我们已经见识到以经验为主的科学方法，比如观测、记录数据，第谷和开普勒的研究工作更好地体现了这一点。科学知识的另一个特点就是抽象性，这一点在概念、模型和理论的创造上都有体现，正如我们在关于理论、模型的阐述中看到的一样：从最简单的古希腊天文模型到牛顿理论的阐述都是如此。最后，科学知识的社会性也一直在科学之路上：如了解到的宗教需求（对神的祭奠），以及古时候的实用科学（对农业活动的预测），此外我们也谈到了社会权威对理论、模型的采用的重要性（亚里士多德的例子就说明了这一点），以及某些机构在新思想的萌发中带来的阻力（教会与伽利略的对峙）。

　　好了，亲爱的读者们，我要在这里和你们说再见了。希望你们已经具备应该如何研究科学的概念性想法，以及更深入了解天空的强烈好奇心。

推荐书目

Asimov, I., *El Universo*, Barcelona, Alianza Editorial, 1984.

Asimov on Astronomy, Nueva York, Anchor Books, Doubleday, 1975.

（西班牙语译本《阿西莫夫的天文学》很难找到）

知名出版人的一系列趣味性短文，最初被发表在《科幻与幻想杂志》上。

Brecht, B., *Galileo Galilei*, Teatro Completo, Barcelona, Alianza Editorial, 1994.

体现伽利略遭遇政治偏见的经典戏剧作品。

Cassidy, D.; Holton, G. y Rutherford, J., *Understanding Physics*, Nueva York, Springer Verlag, 2002.

聪明巧妙地展现本书所涉及的主题。

Dampier, W. C., *Historia de la Ciencia y sus relaciones con la filosofía y la religión*, Madrid, Tecnos, 1995.

一部美丽的经典之作。

Davies, P., *Los últimos tres minutos*, Madrid, Debate, 2001.

由宇宙学专家编写的普及宇宙学知识的作品。

Feinstein, A.; Tignatellli, H., *Una visita al universo conocido*, Buenos Aires, Ediciones Colihue, 1994.

关于宇宙中的事物的友好小书。

Holton, G. y Roller, D. H. D., *Fundamentos de física moderna, partes* 3 *y* 4, Barcelona, Reverté, 1963.

从历史和哲学的角度介绍了天文模型，重点描述了牛顿的贡献。

Hoyle, F., *Iniciación a la astronomía*, Madrid, Blume, 1984.

呈现了人类探究宇宙的历史，书中还有精美的插图。

Koestler, A., *A. Kepler*, Barcelona, Salvat Editores, 1988.

趣味横生的开普勒传记。

Krupp, E. C., *En busca de las Antiguas Astronomías*, Madrid, Pirámide, 1989.

第一本与考古天文学有关的畅销书，由洛杉矶格里菲斯天文台主任担任此书编辑。

Kuhn, T. S., *La Revolución Copernicana*, Barcelona, Ariel 1978.

对哥白尼的科学革命中的社会动态进行了非常有趣且经典的分析。

Levy, D., *Observar el Cielo*, Barcelona, Planeta, 1995.

Burnham, R.; Dyer, A.; Garfinkle, R. A.; George, M.;

Kanipe, J. y Levy, D. H., *Observar el Cielo II*, Barcelona, Planeta, 1998.

Lockyer, N. J., *The Dawn of Astronomy*, Massachusetts, The MIT Press, 1964（无西班牙语译本）.

最早出版于 1894 年，这部关于古埃及神庙与神话的经典之作被重新编辑出版。

Menzel, D. H. y Pasachoff, J. M., *Guía de Campo de las estrellas y los planetas*, Madrid, Omega, 1990.

天文爱好者出行的最佳选择，此口袋书附带了完整的天文图表。

Reeves, H.,*últimas noticias del Cosmos*, Santiago, Andrés Bello, 1996.

Rey, H. A., *The stars*, Boston, Massachusetts, Houghton Mifflin co., 1970.

肉眼观测天体的实用手册。

Rogers, E., *Physics for the Inquiring Mind*, Part 2, Princeton, Princeton University Press, 1965.

关于天文模型和天文科学思想的奇妙故事。

Sobel, D., *La hija de Galileo, Madrid*, Debate, 1999.

此书可通过伽利略与女儿的书信了解伽利略。